石上煙雲

曹磊 主编

西泠印社出版社

目录

序

辛丑（2021）秋，一场石与画的艺术盛宴在北京李可染画院亮相，这是赏石和国画两项国家级艺术的邂逅和携手，也是向建党百年的艺术献礼。石在画中，画在石中，“石”“画”交融，不同艺术间产生的碰撞弥足珍贵。李可染先生是国画艺术的巨擘，其山水画作与赏石艺术同台展示，别有韵味。诚如李可染画院院长李庚所言“赏石丰富了国画艺术的内涵”，道出了其中真意。

“石不能言最可人”是赏石界流传极广、影响最深的诗句，而著名评论家王鲁湘先生题的“石雅能言”则别出蹊径，是对“石不能言最可人”的完美诠释和升华，符合新时代赏石文化发展的新特征。

在两个百年交汇的历史时刻，全面脱贫得以实现，小康社会全面建成，以“石”“画”艺术联展来庆祝，彰显出独特的创意。此展由中国观赏石协会与李可染画院共同策划，展览理念有创新，内容有创造，展陈有创意，题材有突破，体现了习近平总书记“创造性转化、创新性发展”的思想。现在画册正式出版，画面美轮美奂，可谓“壁上山水，石出烟云”。

本次展览为我们继续探索赏石文化发展，提高赏石艺术品味，传承弘扬赏石遗产，做出了一次有益的尝试。

是为序。

壬寅盛夏于北京

寿嘉华

文震亨在《長物志》中講「石令人古，水令人遠」。石令人古，意思是石的歲月與日月齊，賞石可得蒼古之趣，品石而得永恆之境。與石為友者，常引石入室，昕夕厮守，如對靈人，如聆妙論，於外是生活方式的雅寄，於內是精神境界的提升。在石中觀賢良之德，獲恆道之思，得超越之趣，享靜謐之情。一拳元石，集泰華雄姿，與石為居，人移氣，慮為清，室乃拙乃久。

壬寅夏，節文 王魯湘書

井峰山水—思隐

霞光烟拢，双山并出，鱼龙潜跃，秋水留痕。石之中下处，生一长线通贯南北，其平而不直，显而不赫，似为秋湖水之平面。碧波之上，绝壁凌空，秋意寒老；碧波之下，水流清澈通透，寂寂无声。一线乍出竟能大宽境界，是理也。

万山红遍一层林尽染

此《万山红遍》似如一幅水墨设色画作。十万大山，无边无际，五千仞岳，层层叠叠，尽在一拳之握。“江山如此多娇，令无数英雄尽折腰。”鬼工笔墨，经黑红线条的勾勒与深浅色块的对比，再造了一个深秋美景，令人惊叹而神往。继往开来之技艺和恢宏气势，几可比肩李可染同名作品。

天地初开一盘古

此石仅尺余，细碎磊
魄，纹理如鸡雏，扣之若
有砥砺声。其质玲珑，
窍眼宛转通透，与他石异
趣。内蕴蓬勃力量，蓄势
待发，尽结于中心，天地
混沌如鸡子，盘古在其
中。是为天地初开之石。

免胄三方外——东坡肘子

胄，兜鍪也；兜鍪，首铠也。忖度此黄金首铠，经千年勾陈于此，镌铿锵战痕，犹鲜亮坚固。“免胄三方外，衔刀万里余。昔时吴会静，今日虏庭虚。”敢问霸王今何在？但凡成王败寇事，于千载之下，皆作冷灰烬余也。

红与黑

“造化钟神秀，阴阳割昏晓。”此洞晓之阴阳界石也。凡事物边界，有迥然不同之线，皆人力所为，历历凡属，细密注于图纸，以为规则、领域诸相为用。然草木土石之实者，以空明虚暗之存。欲见界际，当以此石置于眼前，细致对比观之，则红黑井然，一线分明，一显一隐，一动一静，阴阳之道也。

孤帆一片日边来一大拇指

“天门中断楚江开，碧水东流至此回。两岸青山相对出，孤帆一片日边来。”太白此诗，画面流动，气势阔远，妙在一句一色，层次鲜明。首句“天门”，落眼两岸绝壁断处之蓝；次句“碧水”，以“碧”字写水清；三句“两岸”，谓山解人意；唯四句“孤帆”，世人多谬以白帆，其实不然。既自日边来，染足霞光，当为“朱帆”也。此石形状纹理若帆，色如橙晕红染，甚得诗意。

静水之书

"荡漾空沙际，虚明入远天。秋光照不极，鸟色去无边。"静水流深，数尾游鱼翔于浅底，聚散离合，似纸页间之文字。《静水之书》妙在变化无穷内容无尽，与博尔赫斯盲作《沙之书》同理。先哲有言："任何人都不能两次走进同一条河流。"此书先我存世，许能厚载旧事，一一回归。

斜日透虚隙

一夏蚊雷，二月芦烟，三秋雁字，岁月流转，风花雪月于罅隙间吐纳氤氲文气。斜日透虚隙，一线万飞埃。但见石点头，不闻人语响。前生今世，一如梦幻泡影。此石皱、漏、瘦、透，姿态万千，面面玲珑，臃肿的时光挤不出这疏疏密密的石筛子，被牢牢封存，遂成雅致高古之注脚。

清泉石上流

“空山新雨后，天气晚来秋。明月松间照，清泉石上流。”此石拟山中秋景，清新、幽静、恬淡而优美，甚有诗佛禅意。此诗以“空”字起领，格韵高洁，空灵澄净。其所用句字，皆自然、平和而有律，处处珠玑，又如信手拈来即诗，“右丞本从工丽入，晚岁加以平淡，遂到天成”。是录石本。

长河渐落晓星沉一狮身人面

貘，上古奇幻兽也。啮梦为食，啜泪为饮，穴黑甜乡而居。《山海经•西山经》载“猛豹”之名，清人郝懿行以“声近而转”故，断“猛豹”即“貘豹”。其虽名为食梦之兽，而注定孤独过活。“云母屏风烛影深，长河渐落晓星沉。”漫漫夜长，貘行于野，不止不息，忽前忽后，忽远忽近，诸般奔袭，俱纠缠于梦之所在。夜夜奔波，所获或不仅有梦，亦有“明月无处寄相思”之无语凝噎，以及流浪他乡之破碎心灵。

东方神韵

“云作袈裟石作僧，岩前独立几经春。有人若问西来意，默默无言总是真。”此石略有“朦胧萌圻”之态，情沛且气达，思约而韵齐，于微光下鉴之，如一抹新月，横绝如钩。所谓“晚来风定钓丝闲”，倚石独坐，宠辱不惊，淡之若素，其心静如此。

俯首长揖别一北魏造像

“行行重行行，与君生别离。相去万余里，各在天一涯。道路阻且长，会面安可知？胡马依北风，越鸟巢南枝。相去日已远，衣带日已缓。浮云蔽白日，游子不顾返。思君令人老，岁月忽已晚。弃捐勿复道，努力加餐饭。”——佚名

青皮萝卜

汪曾祺喜食拌细萝卜丝。熟食甘似芋，生荐脆如梨。彼时冬飚撼壁，三两人围炉永夜，以赛梨萝卜与海蜇皮切细丝同拌，佐酒持箸，分而食之，能大助空谈雅兴。其丝入口，似琼瑶一片，嚼如冷雪，齿鸣未已，汩汩温酒，裹入愁肠，顿销万千惆怅。

亨利·斯宾赛·摩尔雕塑—休憩人像

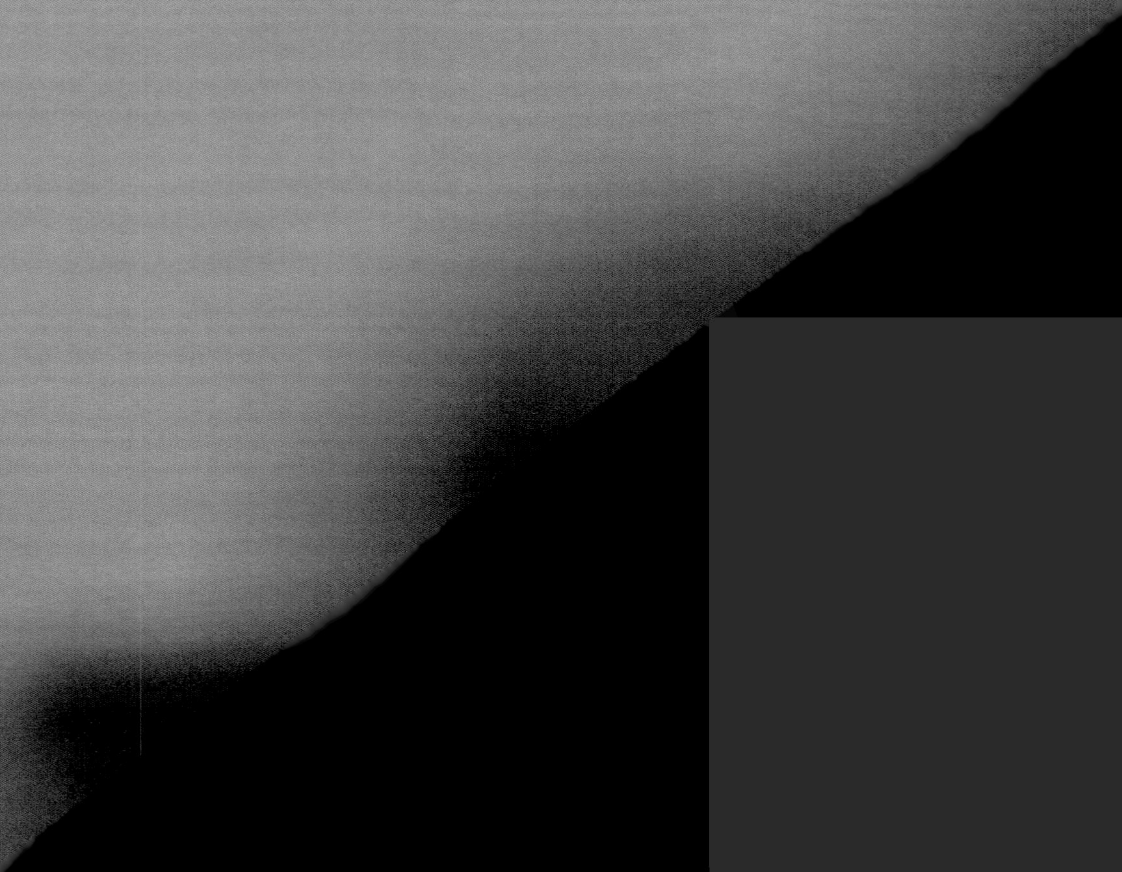

人像之颈脖肋腹，温和简洁，气质流畅合韵，一如摩尔本人。此像为团坐欲起之姿，手足俱撑地，暗自用力向上。其意截自连贯动作，类影片定格。摩尔擅用空间之法，以结构异化其“空、薄、套、叠”诸相，然其痒技所成，盖师从是石乎？

春雏剔虫

茸黄爪红暖如团，

眼豆莹莹冠未全。

欲鸣春日声啾啾，

剔虫篱下喙尖尖。

巨象耕——龙盘虎踞

今世之陆栖巨兽，象也。此石为巨象卧姿，惺忪苍了，肌肉虬结，长牙横亘，胜有安泰俄斯之无穷力。舜葬于苍梧之野，象为之耕。虞舜首驯野象于耕耘，其服象事迹，多见记载。《二十四孝图说》“大舜耕田图”亦作长鼻大耳状，而非牛马形。

峰出半天云——品江山

此石厚重飘逸。观其形，类狂草“山”字；察其势，笔意磅礴，沛然淋漓。巨山诗云“泉飞一道带，峰出半天云”。山，宣也。宣气散，生万物，有石而高。山出云雨，寄情有石，则心远地自偏，由此生成忘我之心，无忧而忘俗。

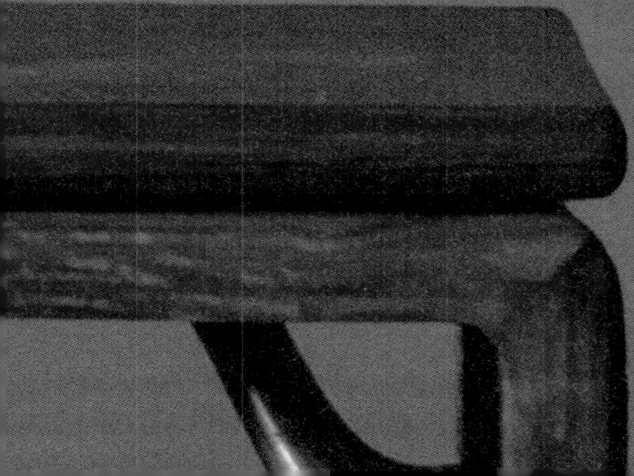

玉猪龙——玉兽玦

心不摇于死生之变，气不夺于宠辱利害之交，则四者之胜败自然洞见。他人之百年，于我为刹那。“It was the best of times, it was the worst of times”— 最好和最坏的时代，泼洒着喧哗与骚动，吾辈身处其间，所见所闻，皆拘造化……此乃躬身秩序之察析明辨之石，是为玉猪龙（玉兽玦）。

半壕春水一文心雕龙

“半壕春水一城花，烟雨暗千家。”此去国怀乡之石也。李煜词云：“问君能有几多愁？恰似一江春水向东流。”但取一瓢啜饮，或可解此乡愁。故国明月，最是不堪回首。纵有几多不平意，也只能尽倾新醅醉几场，以浇胸中块垒。元好问诗云：“纵横诗笔见高情，何物能浇块垒平？老阮不狂谁会得，出门一笑大江横。”洒脱之余，唯见醺然。

三军过后——从胜利走向胜利

此为三军过后之景。《七律•长征》诗云：“更喜岷山千里雪，三军过后尽开颜。”首联言“不怕”，结句压“更喜”，首尾呼应。“开颜”二字，预示红军从此走向最后胜利，尽管历经重重险阻，红旗依旧漫卷西风。红军战士战胜天险，冲破敌人围追堵截，直至完成长征伟业。自始至终，其必胜之信心坚定不移。背景既如垭口风雪，又似江山舆图。整幅画面展示了革命先驱一往无前的大无畏气概，以及星火燎原的革命乐观主义精神。

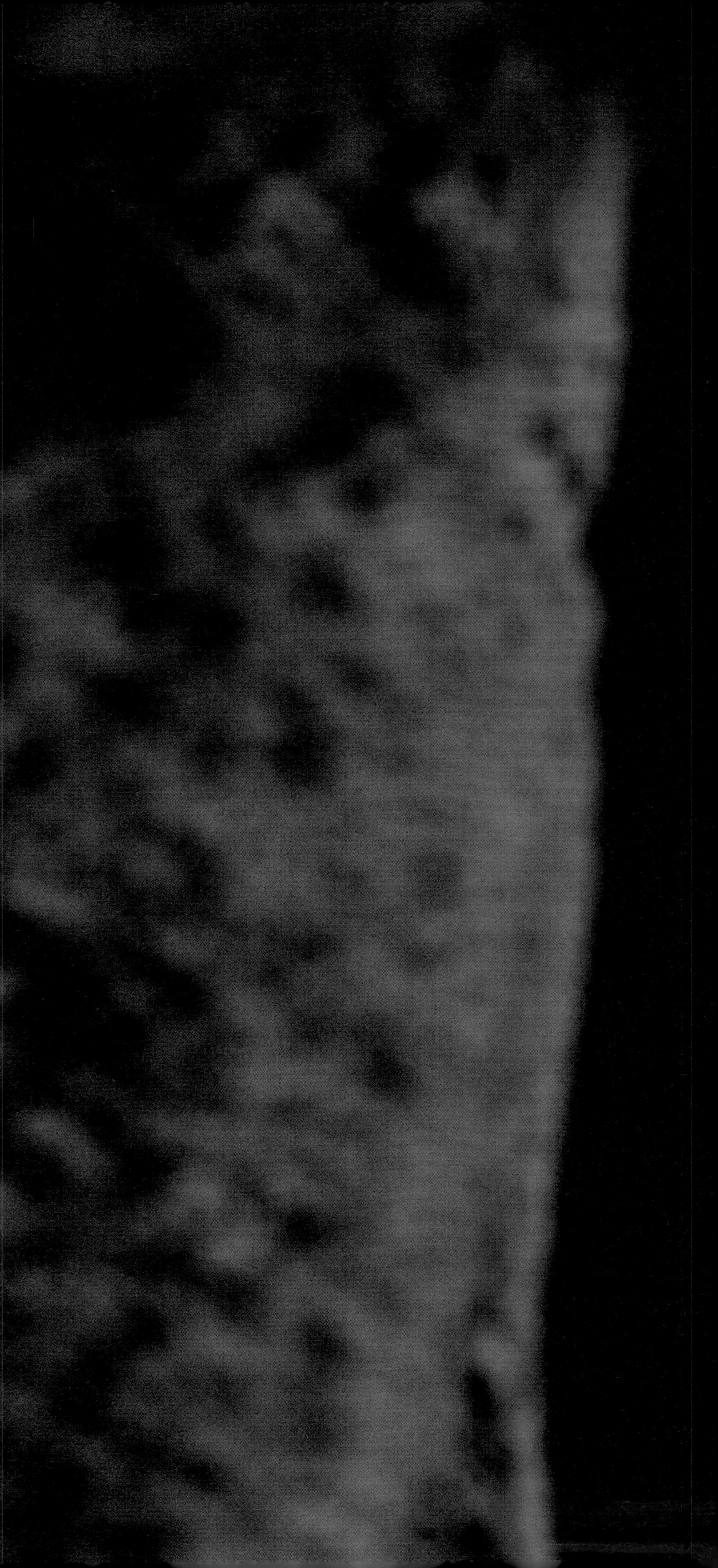

三生卯石 | 伯乐 | 青眼

玉兔走、金乌飞，兔起乌沉。时光静逝，无止无休。此兔初坠尘网，犹自懵懂。其目炯然有光，倾慕之状切切。“月出皎兮，佼人僚兮。月出皓兮，佼人懰兮。月出照兮，佼人燎兮”，情不知所起，一往而深。似“梧桐更兼细雨”之相思，织其成绳，方可系得一脉温情，成就三生因果。

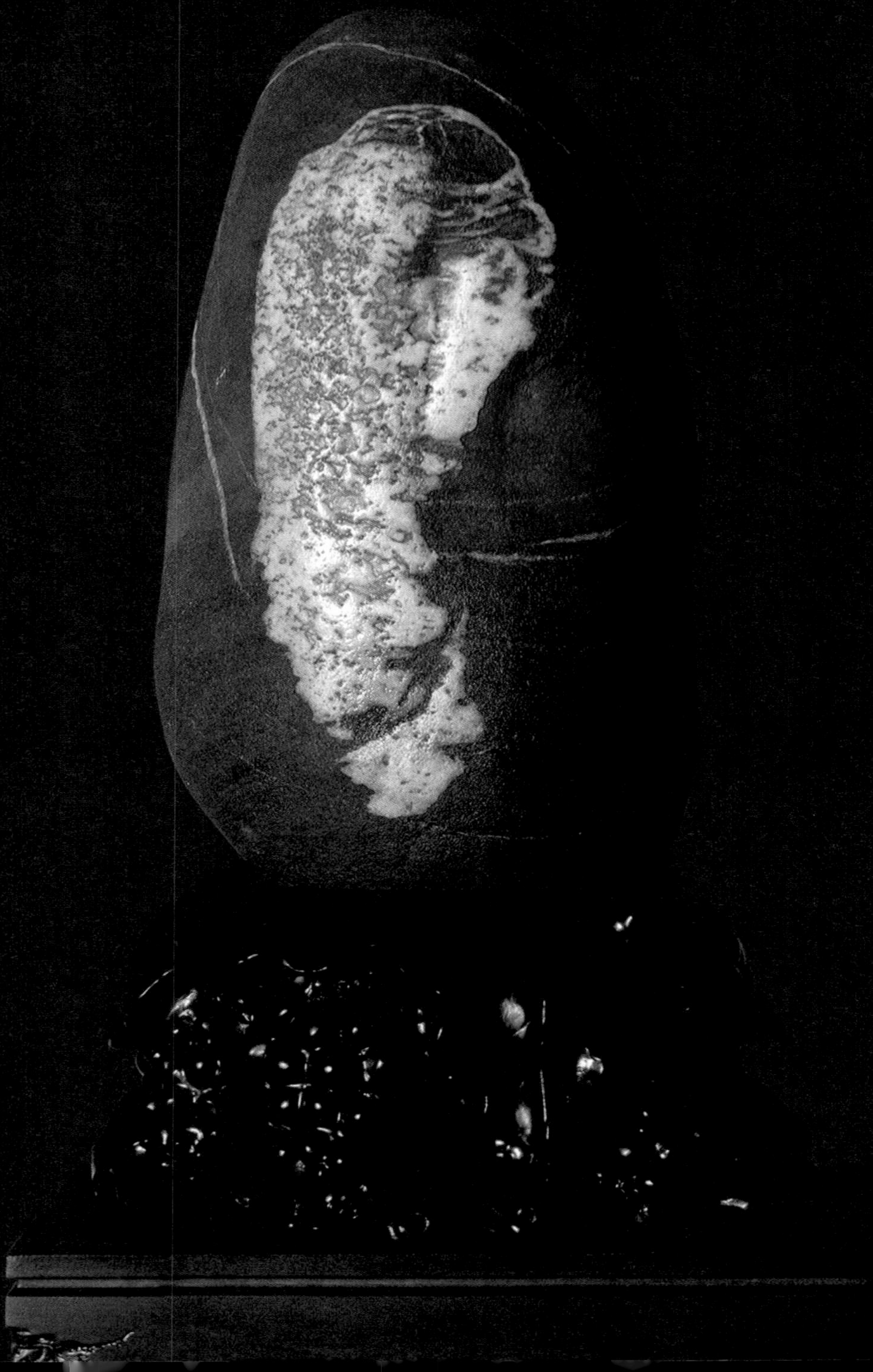

却把青梅嗅一楼兰姑娘

此为少女侧面白描之像。石头本身平平，妙在岁月静好之温婉少女，以及“和羞走，倚门回首，却把青梅嗅”的女儿家情态。画面黑白铺陈，轻渲淡染，如此简单，如此亲切，又如此神秘，正随了“有真意、去粉饰、少做作、勿卖弄”之奥义。

雨洗东坡月色清

方寸之中，黑白有度；厚圆浅融，晶莹剔透。但见雨后薄暮，山高月小，僻岗幽坡，铁冠道人苏轼白衣散发，距席半坐，于月下独赏花影。“重重叠叠上瑶台，几度呼童扫不开。刚被太阳收拾去，却教明月送将来。”文字天成，境界自然，气度澄明疏朗。是名“雨洗东坡月色清”，于情于景甚恰。

有灵犀一点

“昨夜星辰昨夜风，画楼西畔桂堂东。身无彩凤双飞翼，心有灵犀一点通。”此灵犀石也。欲悦心仪，释余为正，谬则成灰，落得寂寞青天夜夜心，徒呼奈何。既得灵犀，当可一点就通，唯直来直去不劳拐弯抹角耳。趁石心尚暖，微风不燥，荼靡花事未了，且出户去。看南陌花下，能否逢着意中人？

依旧似寒灰—雷击残痕石

此雷击痕也。“震蛰虫蛇出，惊枯草木开。空余客方寸，依旧似寒灰。”譬诸惊心刹那，极烈极壮。以象形状物观，此石似蘑，又如崖底枯树。残痕一抹竟有毁灭万物之力，非“依旧似寒灰”能一言蔽之。或谓万物生于雷电，是言不虚。

树阴照水爱晴柔

此“小池”俯瞰之景也。时值江南黄昏，“泉眼无声惜细流，树阴照水爱晴柔。小荷才露尖尖角，早有蜻蜓立上头”。池塘水色，似朱实碧，盖霞光掩映水面使然。水波不兴，花叶重叠，游鱼细细，相映成趣。望之弥眼，黄青黑白纷呈，兼石面滑润，莹然有光，是为富贵之兆。

石鉴哑拙以照心一器

古有水、铜之鉴，亦有石之鉴。水鉴照影，铜鉴照形，唯石鉴能照心，盖其哑拙故。万物有灵，物周为器；不二法门，残缺是守。“唯约所依等识为身者，一识有多故。非一眼识名眼识身，要多眼识名眼识身。如非一象可名象身，要有多象乃名象身。”此亦如是。

借古开今

是名“借古开今”，诚哉斯言。此石厚重不迁，有和光同尘境；憨然无邪，又有移山痴气。虽执斧斤，蓄力不伐，其神情体态，与愚公肖似。然以形论道之非本色辨，规虑移山之说，实为恒道之拟，岂不闻“子又生孙，孙又生子；子又有子，子又有孙；子子孙孙无穷匮也”，生生不息是为恒。凡事竭蹶，须移山之勇，艰险不畏，迎难持恒，上而卸之，能大欢喜。

石化木乃伊一默存以见兴替

此古埃及木乃伊也，渊源待考。四大文明古国中，今只中华犹自承传，盖新陈消长之力耶？以古为镜，可以见兴替，诚然。

四海晏服，八方率职——汉武帝造像石

此汉武刘彻临朝造像也。“正道驰兮离常流，蛟龙骋兮放远游。”大汉孝武之雄才伟略，威强睿德，历代诸家笔墨寥寥，所呈不及十之二三。此图布局井然，饰以玄黄丹朱诸色，人物勾画栩栩生动，无论观之远近，皆领“四海晏服，八方率职”之意。背景类焰，喻恢弘气象也。其笔法自然纯粹，丹青圣手多有不及，造物之奇，非“国粹”二字不能当。

镜花水月

“顾影自茕茕，夜夜看如昨。”鸿渐于陆，俯瞰平湖，感于流光水天之境，收翼展栖止湖上。湖水清澈，水面无一枯枝败叶，四周绿草如茵，岩石高大，遮天蔽日。孤鸿自海上来，惑于己影之婉约清丽，不忍暂离，端之详之，思之念之，日复一日，年复一年，唯低头触水时，湖面即生漪涟，影亦蓦然碎裂，待得日沉星显，方再现耳。

层层高叠，如须弥铁围，由诸部环绕而成，仿佛九山八海拱护一小千世界，其内中空，风、水、金三轮依止虚空。外部浮雕精致，于回廊、门柱、石墙、基石、窗楣和栏杆之上巨细呈现。整体雄伟，布局平衡，比例协调，线条优美，威风赫赫。石在土中，随其大小，具体而生，或成物象，或成峰峦，巉岩透空，其状妙有宛转之势，不借斧凿、修治、磨砻之工而有佛性，极有别样生趣。

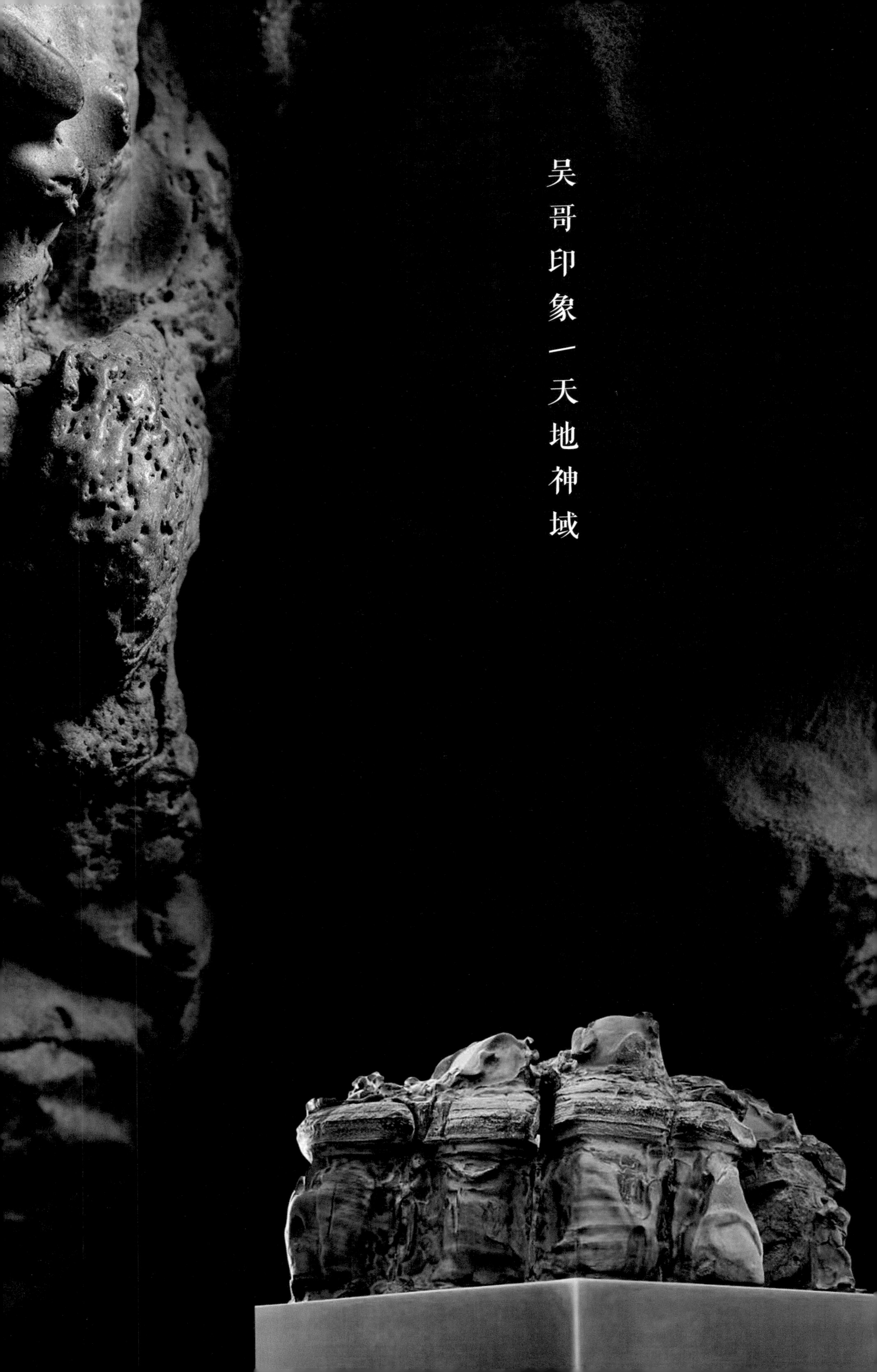

吴哥印象—天地神域

“雨深苔屋，秋爽长林，风入棱波，哀玉自奏，一编隐几，莞尔不言，一洗人间肉飞丝语境界。”此石屏几可设，怀袖堪携，其抱缺以虚怀状，高旷而泥古，所谓“敦兮其若朴，旷兮其若谷”，遁迹金堂玉案，孤绝拙然，以供高癯介癖之目，堪有“后知而后觉”的智慧，可当“石之大”。

舞幻之石

白石据案，精奇凹凸，若飞云出岫；又作舞姿，灵巧如精灵。或谓其形流于轻快，失于沉着，难立于案。然石之妙在玲珑透漏耳。《素园石谱》有云：“石有形有神，今所图止于形耳，至其神妙处，大有飞舞变幻之态，令人神游其间，是在玄赏者自得之。”赏石境界，非缩影与直形能尽括之，亦在刹那对应之悟也。

崒嵂尽于五岳。此石面略有清光，仿佛月华幽然，明暗转折，合乎阴阳相长之理，其貌寂寂近禅。虫生半夏，不语冰与枯荣。盖高山之外，复有高山；青冥之上，复有青冥。暗忖溪山一握，犹可芥纳，壁下观石，仰止弥高，钻之弥坚。既作如是观，则万卷之外，已具一段惘然空白矣。

溪山桂月

淅沥以萧飒一秋声石

此秋声石也。“初淅沥以萧飒，忽奔腾而砰湃；如波涛夜惊，风雨骤至。其触于物也，𫓩𫓩铮铮，金铁皆鸣；又如赴敌之兵，衔枚疾走，不闻号令，但闻人马之行声。”此石以有形拟无物，纹理如千岩万壑，群峰环绕，中有深谷。石面褐色勾骨，锈红铺陈，写尽深秋之状。其容清明，天高日晶；其气栗冽，砭人肌骨；其意萧条，山川寂寥。观之徐徐，能感其烈。

汉锦囊—老子骑牛出关

臆考此为汉之锦囊也。蔡邕《独断》云：“凡章表皆启封，其言密事得皂囊盛，亦用绿囊。”细察此石，其色皂，锁边平整均匀，针脚绵密工整，囊面绣浅凸深墨老子骑牛出关图。老子修道德，其学以自隐无名为务。至关，乃著书上下篇，言道德之意五千余言而去，莫知其所终。忖此囊有何密缄焉？《道德经》五千言耶？始皇所求之长生术耶？千载之下，顽石封存，此“密事”已然不可解。

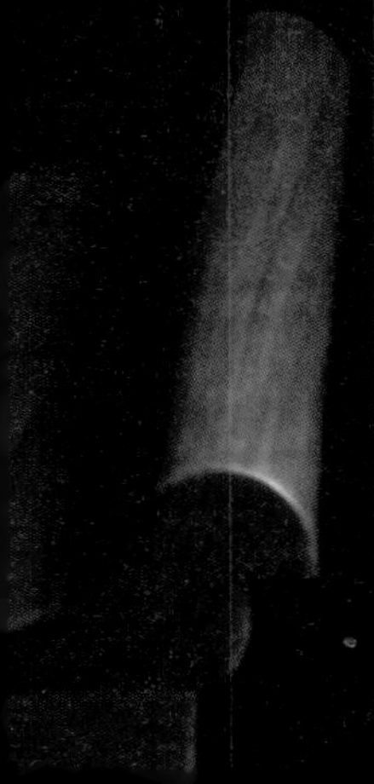

烟蓑雨笠卷单行——寒江孤影

尘梦不到，触目皆空，风雨萧萧，形单影只，俨若相忘于江湖。此石生溪中，为水冲激，而成奇巧，自相圆通，以深浅二色，剪三分飘逸。“漫揾英雄泪，相离处士家。谢慈悲，剃度在莲台下。没缘法，转眼分离乍。赤条条，来去无牵挂。那里讨，烟蓑雨笠卷单行？一任俺，芒鞋破钵随缘化。”

孑然思一石听貌一苍然

此石听貌也。时夜静止，天籁如诉。“平林漠漠烟如织，寒山一带伤心碧。暝色入高楼，有人楼上愁。”茕茕孑然之客，俯面空海，陷于思忖，水漫滩涂，潮生潮落，循环往复而无穷尽，虚妄与浮夸尽皆摒弃，唯天地契阔，与子偕老。

田园将芜胡不归一祈年

“宽心应是酒，遣兴莫过诗。”此乃五柳先生宽心遣兴图也。东坡对其诗才评价极高：“大率才高意远，则所寓得其妙，造语精到之至，遂能如此。似大匠运斤，不见斧凿之痕。”石中肖像袖口微隆，似藏美酒。其技法写意，先以淡墨勾描面容姿态，再以菊枝疏朗为前景，后铺浓淡焦黄，一片“暧暧远人村，依依墟里烟”之田园诗景。画风颖脱不群，任真自得；气质酣畅淋漓，阐扬尽致。

金蟾虎踞

《述异记》卷上云："古谓蟾三足，窟月而居，为仙虫。"此蟾喜居宝地，或谓所在处下皆有异宝。"飒飒东风细雨来，芙蓉塘外有轻雷。金蟾啮锁烧香入，玉虎牵丝汲井回。"室居幽静，炉烟袭人，细雨入梦，岁月深锁。此石据案作金蟾虎踞状，仿佛漏断更残，睡起初时。"睡起东轩下，悠悠春绪长。爬搔失幽啭，款欠堕危芳。蛛网留晴絮，蜂房受晚香。欲寻初断梦，云雾已冥茫。"

忠毅肝肺一鸿福

“相从艰难中，肝肺如铁石。便应与晤语，何止寄衰疾。”肝肠似石，方能叱咤生雷。此石色作血红，夹纹细白，色质古朴。方苞《左忠毅公逸事》道：“吾师肺肝，皆铁石所铸造也。”明天启四年（1624年），左光斗上奏弹劾魏忠贤等三十二条斩罪，被诬下狱，受酷刑死于狱中。魏忠贤死后，左公被追谥“忠毅”。

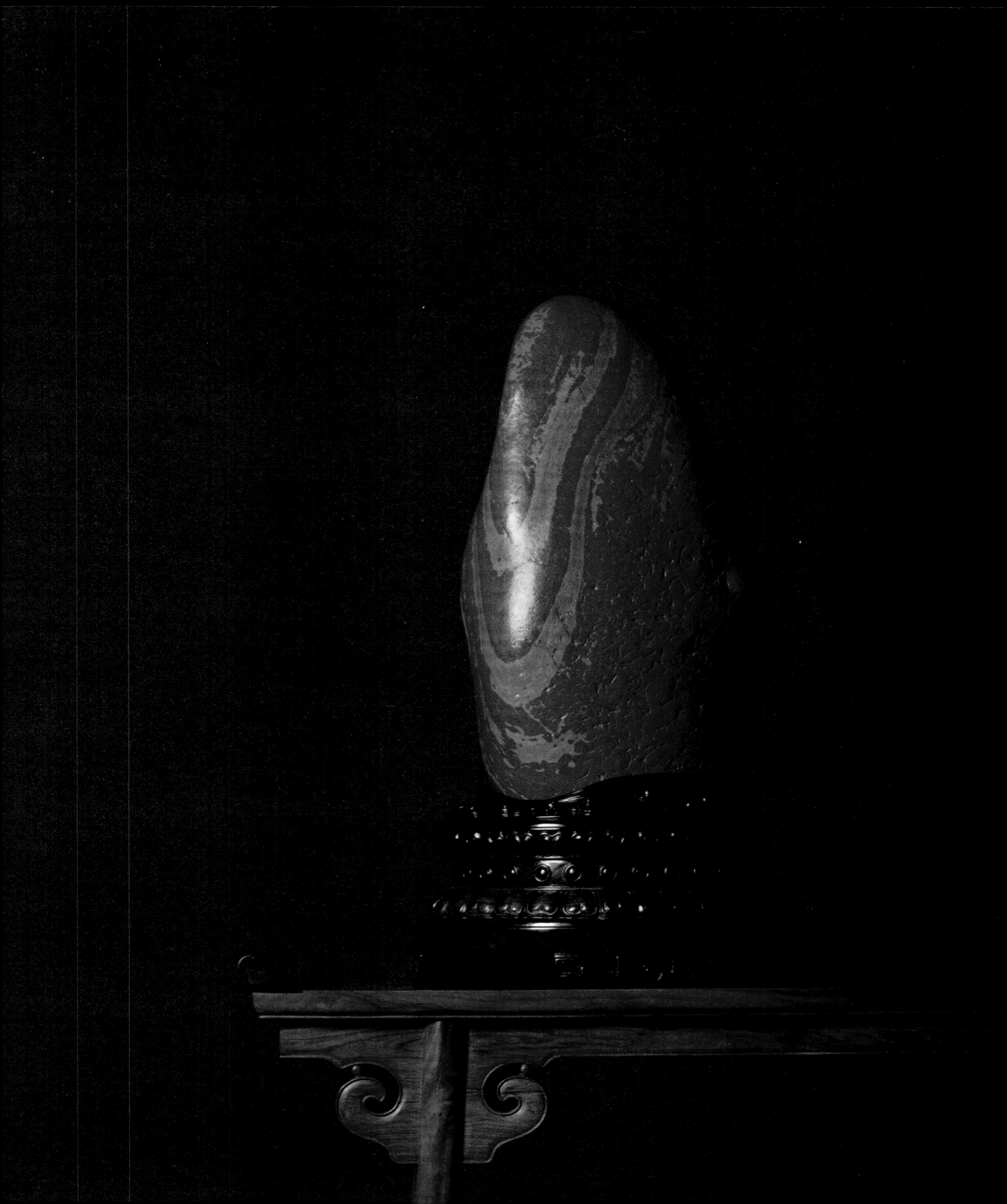

行秀春雷一宝塔峰

行秀，禅宗名家也。儒释兼备，精通宗说，辩才无碍，号万松老人。幼年出家，受具足戒，为雪岩慧满法嗣。耶律楚材曾受显诀于万松，尽弃宿学，冒寒暑、无昼夜者三年。万松善抚琴，尝从文正王索琴，王以“承华殿春雷”及种玉翁《悲风谱》赠之。“承华殿春雷”为唐斫琴名家雷威所制，称章宗御府第一；文正王，楚材也。历代琴僧率多禅人，疑攻琴亦如参禅乎？《楞严经》云：“譬如琴瑟、箜篌、琵琶，虽有妙音，若无妙指，终不能发。汝与众生，亦复如是。”

蝶舞

翩翩复煊煊，

驿路杏花天。

鹃啼托寺钟，

絮吟委客船。

扬翅长生殿，

粉染桃花扇。

年年缀芳华，

清泉石上眠。

临江仙·云水禅心

一块嫣然绯如火，云起冷眼红尘。

偶然值君劳相问。

菩萨点水纹，南海佛光真。

飞鸟与还天尚橙，无事闲坐三更。

向晚小叩柴扉门。

人间好石头，几个痴心人。

对镜贴花黄—蓝色甲虫

画面正中孤悬威严蓝色甲虫，仿佛梦境守护之神。镜前仕女妆容精致，诰服华美，优雅温婉，略带忧思，身前一小犬乞怜。“晓镜但愁云鬓改，夜吟应觉月光寒。蓬山此去无多路，青鸟殷勤为探看。”兰膏明烛，长夜洞彻，惆然四顾，物是而人非。其相思切切，斩不断，理还乱，一不留神，就溢出古老石壁。

千里送京娘一逐却残星赶却月

宋太祖赵匡胤心地清正，待人宽厚，不近声色，一扫五代以降奢靡习气。少时尚义任侠，过华山救京娘，独行千里护归梓，近不私就。受命于天，起而拯之，躬擐甲胄，栉风沐雨，东征西伐，扫除海内尘氛。当是之时，食不暇饱，寝不遑安，以为子孙建太平之基。《藏一话腴》录其《日诗》曰："欲出未出光辣挞，千山万山如火发。须臾走向天上来，逐却残星赶却月。"一气呵成，质朴开阔。

羊首顶盘旋大角，羝也。西汉天汉元年（公元前100年），匈奴困汉使苏武，乃徙武北海无人处，使牧羝。如是武北海牧羊十九年，尽忠守节，不辱使命。文天祥作诗赞曰："独伴羝羊海上游，相逢血泪向天流。忠贞已向生前定，老节须从死后休。不死未论生可喜，虽生何恨死堪忧。甘心卖国人何处，曾识苏公义胆否？"忠义至尽，风骨气节如此，令人扼腕。

羝见汉节

不意四石之会，竟能成诗。“忽见上流一舟如雀，独一老翁荡桨歌云：郎提密网截江围，妾把长竿守钓矶。满载鲂鱼都换酒，轻烟细雨又空归。君寿异之，刺舟与语。翁又歌云：蓼香月白醒时稀，潮去潮来总不知。除却醉眠无一事，东西南北任风吹。”昔人已去，其杜撰亦如此豁达有趣。君寿，清末津门张君寿也。

双人舞一空

“繁弦奏渌水，长袖转回鸾。一双俱应节，还似镜中看。”现代舞之鼻祖伊莎多拉·邓肯谓“美即自然”，即动作自然，兼现形体内蕴，方为要义。此石形双舞，力源“生之欢乐”。一为二，二为一，肢体互支，眼神纠缠，中空而自有律动之韵，如比翼双飞。

直干壮川岳

树木萧疏，山高水曲。半崖之上，生有孤松，姿态甚为奇峻。此苍松劲节之石，直干壮川岳，秀色无等伦。饱历冰与霜，千年方未已。其线条纹理皆苍劲整洁，极富秀逸之气，予人清新明快之感。干笔焦墨，侧笔干擦，于疏秀处构图，赋色清浅，意境悠远而枯淡。

开心罗汉

世间万物皆应缘生，待尘埃得定，化作泥、砂、土、石诸藏。石型似欢喜罗汉者，唯见机缘巧合。此罗汉体态自然，衣纹流动，整体协调，真心静寂浑无迹，观之有流转之感。外表通透细腻，清净圆满，令人渐生欢喜心，正合“如来常住，无有变易；不失不乱，温润明净”之好。

唐三藏

不意此石竟藏唐僧像。其身面俱玄，冠加毗卢帽，着锦斓袈裟，神情雍然。西行求法，往返十七载，行程五万里，所历百有三十八国，终在那烂陀寺参戒贤僧，取来佛教经律论五百二十夹，六百五十七部。归国后经十九载日夜不休，译经七十四部一千三百三十五卷，以此立身，非仅西行取经之九九八十一难也。

飞云出岫

此岫烟也。人性中皆有悟，必功夫不断，悟头始出。譬如岫中皆有云，必蒸晒吹拂不已，孤云始现。然云出不难，云出之后，去留一无所系，必承之晓露，继之山风，然后云岚不灭。此悟也，非“因悟而修”之解悟，是“因修而悟”之证悟，譬“飞云出岫”以示之。

芥子园图谱填墨石

此石层次分明，分花拂柳，方见山光水色。其悠然自得处，大可壶置，以营“壶中天地”。李渔建园，地只一丘，状极微窄，或谓“可纳须弥”，故名曰“芥子”。“尽收城郭归檐下，全贮湖山在目中。”山水形色俱佳，颇得卧游之乐。此谱流传广泛，影响深远，孕育名家，施惠无涯，然经一再翻版，逐渐漫漶，唯有石中所填墨色，亘久不变。

佛衣覆何一诗佛山水

纹理似枯木，又如佛衣堆叠，臆此石覆有行物。观其形状依地势而走，延展往回，褶皱遍布，张弛有致，生动而工整。贤者当于空灵处存想内观，或能慧明渐生，有息缘绝尘、啄峰饮涧之洒脱。得道传付，以为真印，式简而意无穷，是为正觉。

不知有江湖

或谓鸡有五德。闲庭昼永，花影团团。云堕竹梢低，篱脚啄秋虫。雏鸡唧唧，啾啾趋于母前。母鸡啄儿粟，一啄还一呼，此为育雏牝鸡也。虽为微禽，亦能“幼吾幼以及人之幼”，在五德之外，复具母慈。牝鸡慈而劬劳，“水浴泥行随分足，不知鸥鹭有江湖”。非不知也，是知而不为也。

一掬冷泉映苍柏一岁月

坐忘峰前看秋苔，一掬冷泉映苍柏。荒道尽日无车马，亦有长歌伴客来。此石中隐者也。其白章细纹极工，皆镌于半壁黑质之上，一似飞流三千尺，又如白发三千丈，守序分明，不紊不乱。子在川上曰："逝者如斯夫，不舍昼夜。"线如水纹，故名"岁月"。

槛外寒梅

此槛外岁寒之景。“去郭轩楹敞、无村眺望赊。澄江平少岸、幽树晚多花。”自槛内望去、宇内几无他物、唯黧黑之老干斜枝、交错铁网盘结；梅红珠飞似热血挥洒、傲雪凌霜、正气从容、见之忘俗。

相对浴红衣—万山红遍

翁媪俯首，相依相偎，俱着淡红长衣，浑若一体。翁神情似愧疚，作行揖状；媪容色显爱怜，敞怀拥抱。此石形状，仿佛瑛姑与周伯通之暮年情事也。“四张机。鸳鸯织就欲双飞。可怜未老头先白，春波碧草，晓寒深处，相对浴红衣。”

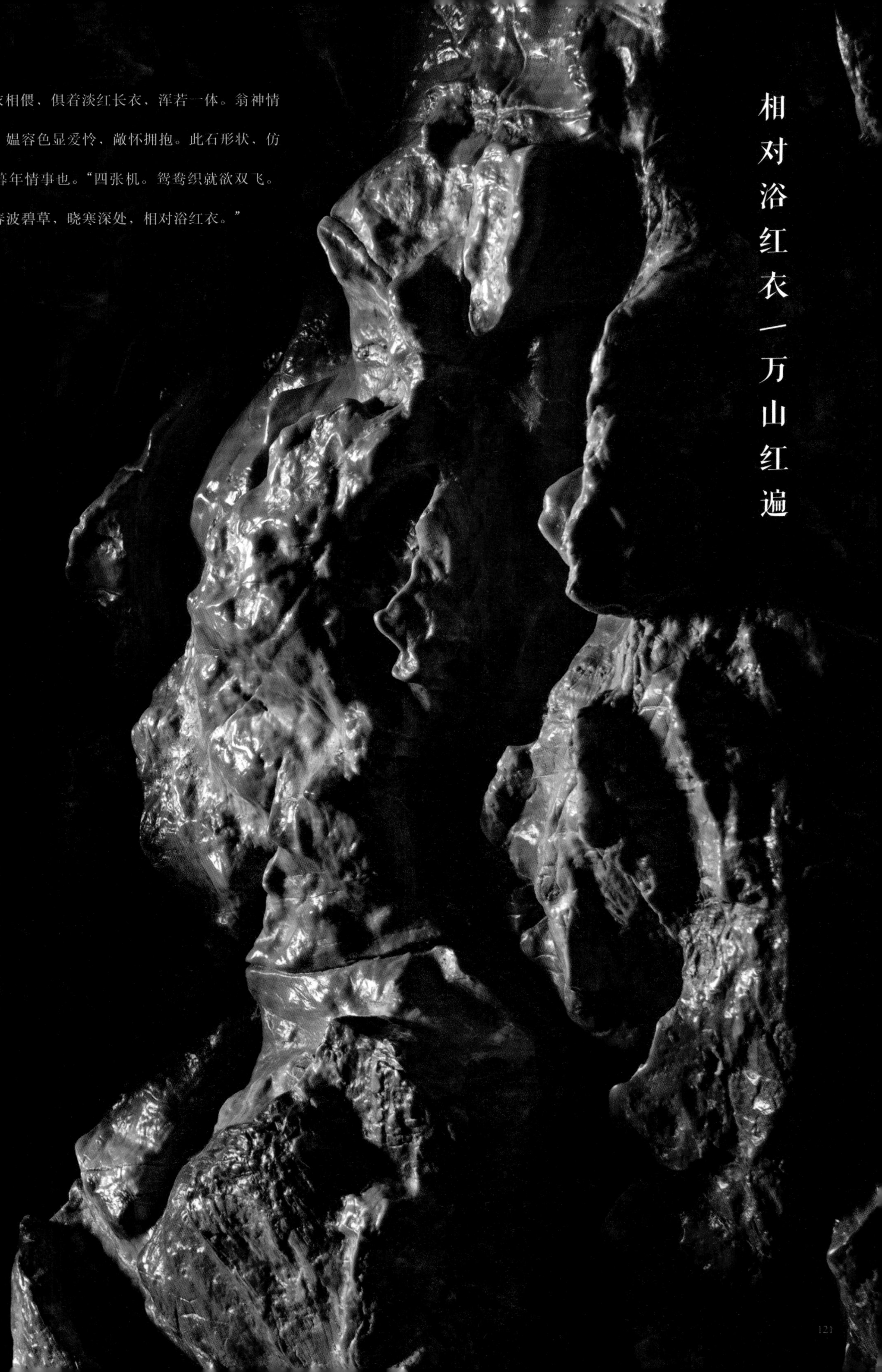

安辨雄雌

“雄兔脚扑朔，雌兔眼迷离；双兔傍地走，安能辨我是雄雌？”是石体态丰盈，比例恰当，其色作青黄，秀而俏也。形为傍地欲脱之兔，雌雄莫辨。然细察其面，略有眼色迷离之状，忖其为雌也。赏石之美多在神似，似此形神俱备者，是为少见，甚乐之。

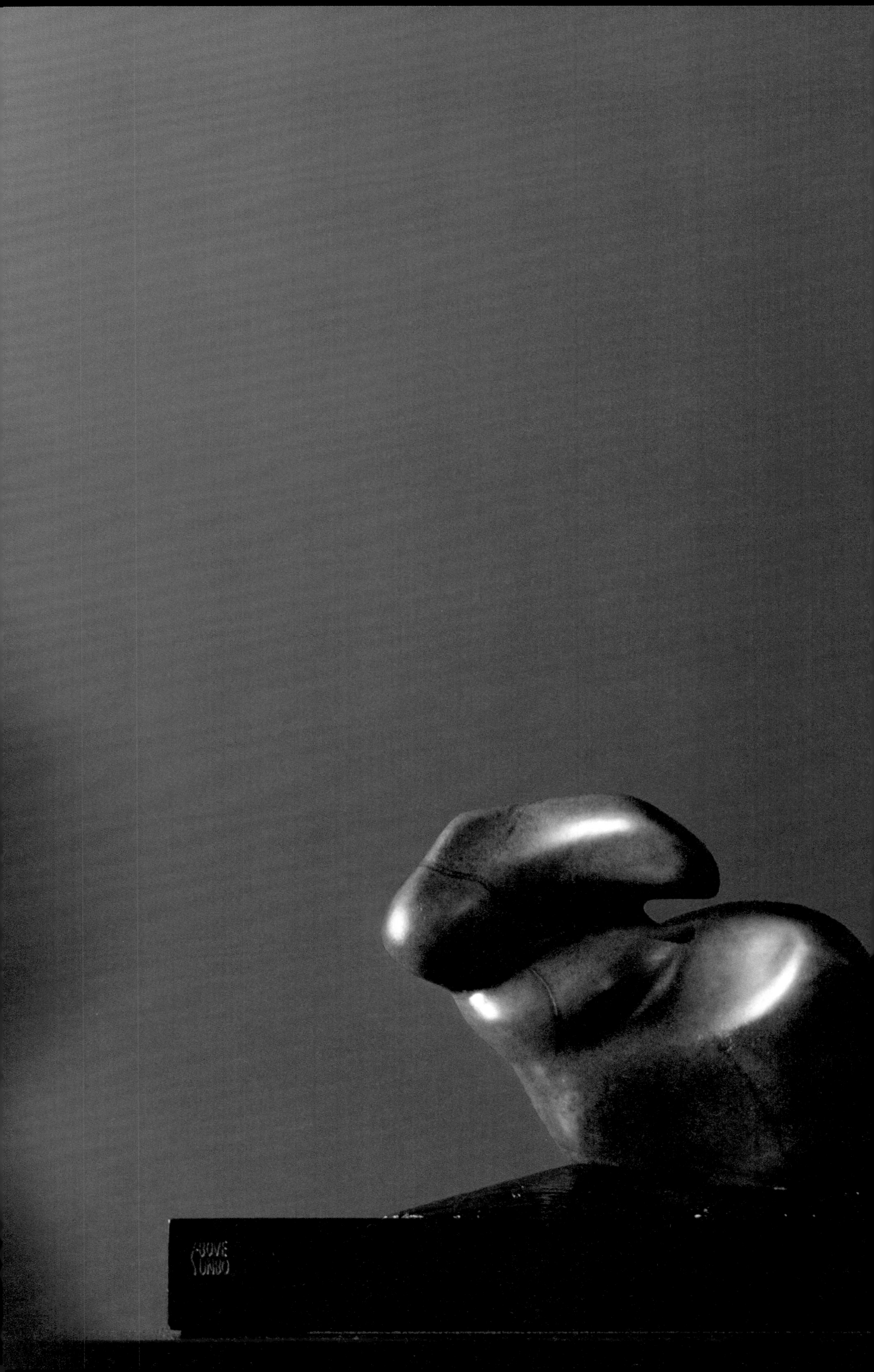

江城子·百万雄师过大江

疾风骤雨打舷窗。

慨而慷，过大江。

地覆天翻，齐发万千响。

休夸南北凭天险，被兵燹，止吠龙。

夜来梦回忽断肠，雄鸡唱，且思量。

庙算戎旅，铁笳裂疆场。

挑灯看剑酣然处，截海来，东南向。

临江仙·霜晚携来空山静

霜晚携来空山静。

陌上枫藤摇红，

塘下涟漪竹影凝。

细藤寒虫，

沸白激茶青。

盏落才敲夜色轻，

小池尚无薄冰。

闲卧哪管枝头明，

西窗挥月弦，

来日有好晴。

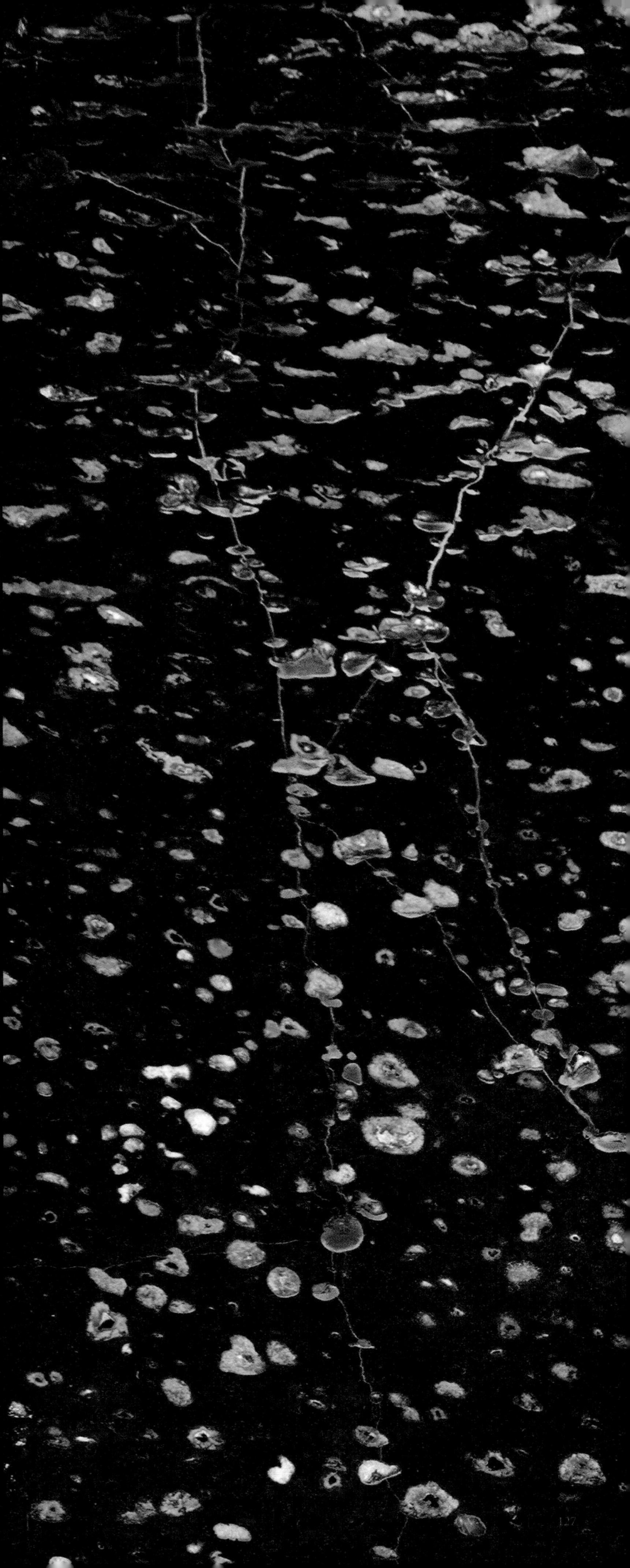

祈年狮舞

幼时逢年，童叟老幼俱喜观狮子舞，“假面胡人假狮子，刻木为头丝作尾。金镀眼睛银贴齿，奋迅毛衣摆双耳”。声声锣鼓喧天，处处人围簇观，热闹而祥瑞。自《洛阳伽蓝记》“辟邪狮子，引导其前”而下，倏已千年，今民间已少见狮舞。不意此石冰面颟顸，竟有此活泼欢喜之态。

枯海簇浪临绝渊。疾风飞扑，颇觉来路远。白云青山初见面。回眸一笑天地间。　晶莹寒雪正娇艳。于归春早，此心唯喜欢。人生自来多牵绊。天低云垂花烂漫。

文房四宝之研——文根

涧中磊磊之石，不及一拳，有容能大而趋无穷。此石盘踞案头，缄默守一，不离不弃，蕴滴水穿石之恒力。其习演操行，皆出墨池；抛洒征伐，俱陷笔阵。沟壑尚残春秋枯墨，是为文气之根也。

补天之将——龙马精神

此飞龙在天也。此石气势威严，身负晶莹白石，乃补天之将。寰宇浩瀚，由角亢氐房心尾箕七宿汇集，成此赤红飞龙。天风左旋，龙星露头角，德施普也。君子终日乾乾，夕惕若厉。或跃在渊，利见大人。

江上初雪

絮飞驾清风，云重垂枯蒿。

拂花轻尚起，落地冷难销。

才讶绮罗裾，忽然缠柳腰。

幽篁罗汉节，枝萌梨花娇。

湖镜窥云铅，飞梭织鹊桥。

遍阶细米掬，满树绒布摇。

江浪推闲舟，风毛挂桨梢。

星辰时转眸，日月亦相招。

汀宽悬自在，砧寒捣逍遥。

清减道旁树，归途行人少。

此鼓一望令人惊一八卦

此鼓一望令人惊，
唯见寒光万里，积雪暗
生。危旌曙色三边动，
沙场烽火秋月明。箫鼓
喧喧扰人，汉将连营
远，燕台孤客近。海畔
东山拥乱石，长缨高城
接枪林。少小离家，投
笔尚未从戎，欲请击此
鼓，击打风雷发巨声。

念奴娇·乌篷船行止呜咽

乌篷船行止呜咽，山重水复箫声却。

高垒伶仃至坚阙，欲穷绝壁空窄穴。

扑江飞雪炽白夜，天地踟蹰一肩斜。

强随闲鼓挥毫写，痴心一众真豪杰。

西来意一大风歌

其真意为何？龙牙居遁向翠微无学与临济义玄请问西来意。庭前柏树子，坐久成劳。为不落言筌之绝对真，须待亲证方得悟。然意固不可问，亦不在一打中。举扬自家，安心立命，云何为定。于所观境，令心专注不散，依斯便有抉择智生。

声声慢·清江石画—解脱

高高低低，层层叠叠，行行浅浅细细。

曲折蜿蜒古旧，大是清奇。

星残月冷如钩，棹不住、痴心意气。

酒未温，石尚冰，闲话拈花旧时。

春花秋月疏离，别来意，纵横古今生趣。

轻敲落子，青衫从来抵寒。

深涧难得值雨，捋不清、丝丝密密。

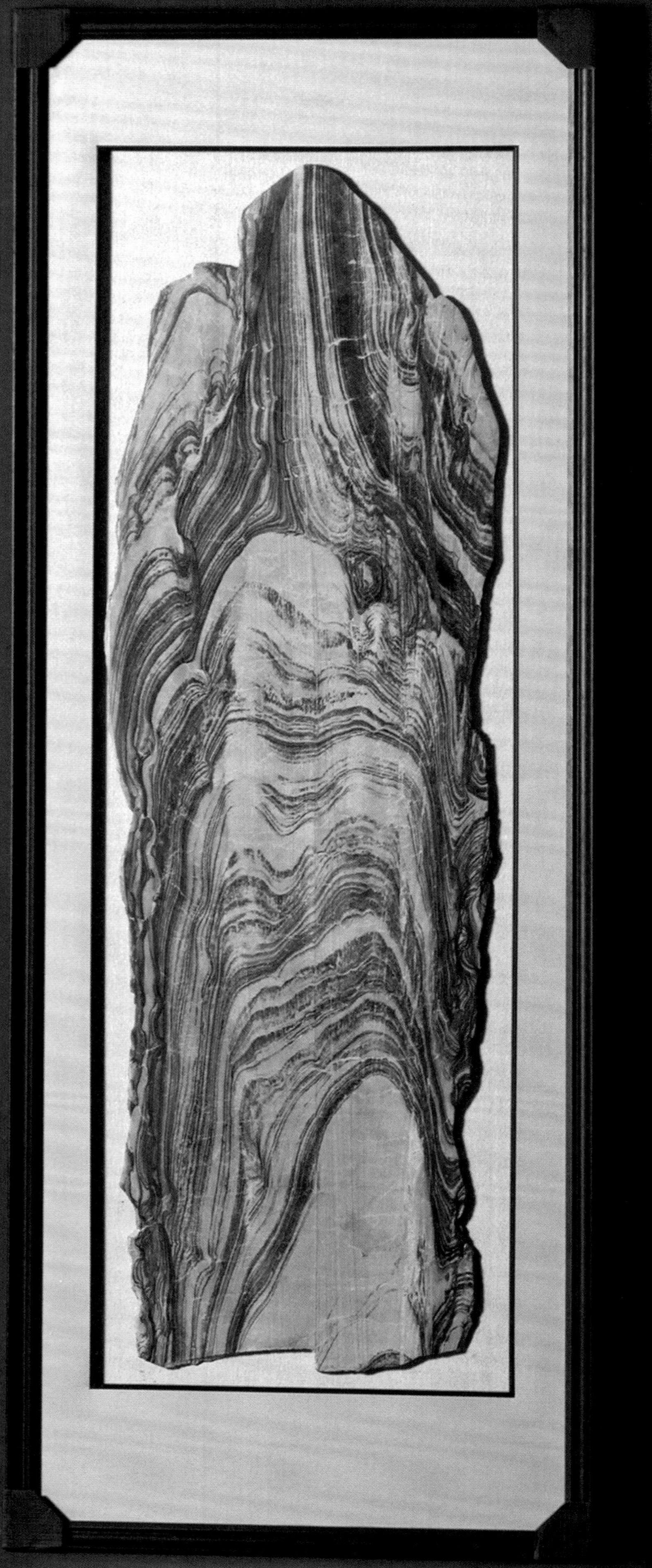

观自在

天玄而地黄，上下四方，古往今来，宇宙大哉。

其形而上者，谓之道；形而下者，谓之器；

长立其中者，当作观自在。

此石虽小而极大，其窄处玄之又玄，是为众妙之门。

欧子砧

欧冶子为越王允常铸五剑，俱为神品。剑之初造也，“赤堇之山破而出锡，若耶之溪涸而出铜，雨师扫洒，雷公击橐，蛟龙捧炉，天帝装炭”。欧子因天之精神，悉其伎巧，造为大刑三、小刑二，名曰湛卢、纯钩、胜邪、鱼肠、巨阙。既有冶山与剑池，亦复有欧子砧。观此石内敛沧桑而坚硬岿然，烟熏火燎且剑气纵横，非千锤万击之功，不能成名器哉！

龙玺

龙玺坚冰甲，金縢意不开。空惜侍中勇，几危左徒徊。

传呼诏衣带，高卧岂疏埋。砚传岁阙角，剑尘积文苔。

一时锥出囊，冠缨于别怀。朝野倾人城，狼烟烽火台。

呼呼北风嚎，铁马金戈来。晚来天欲雪，煮酒呼快哉。

沧海桑田

此硬笔画稿也。单色驭红，以细线勾勒时空变幻，远观如沧海浩瀚，近看似农桑忙碌，是名“沧海桑田”。其画面旷远，唯见波光零碎，祈年之舞者隐约其上，仿佛火焰升腾于历史隧道深处，彻照文明演进之途。

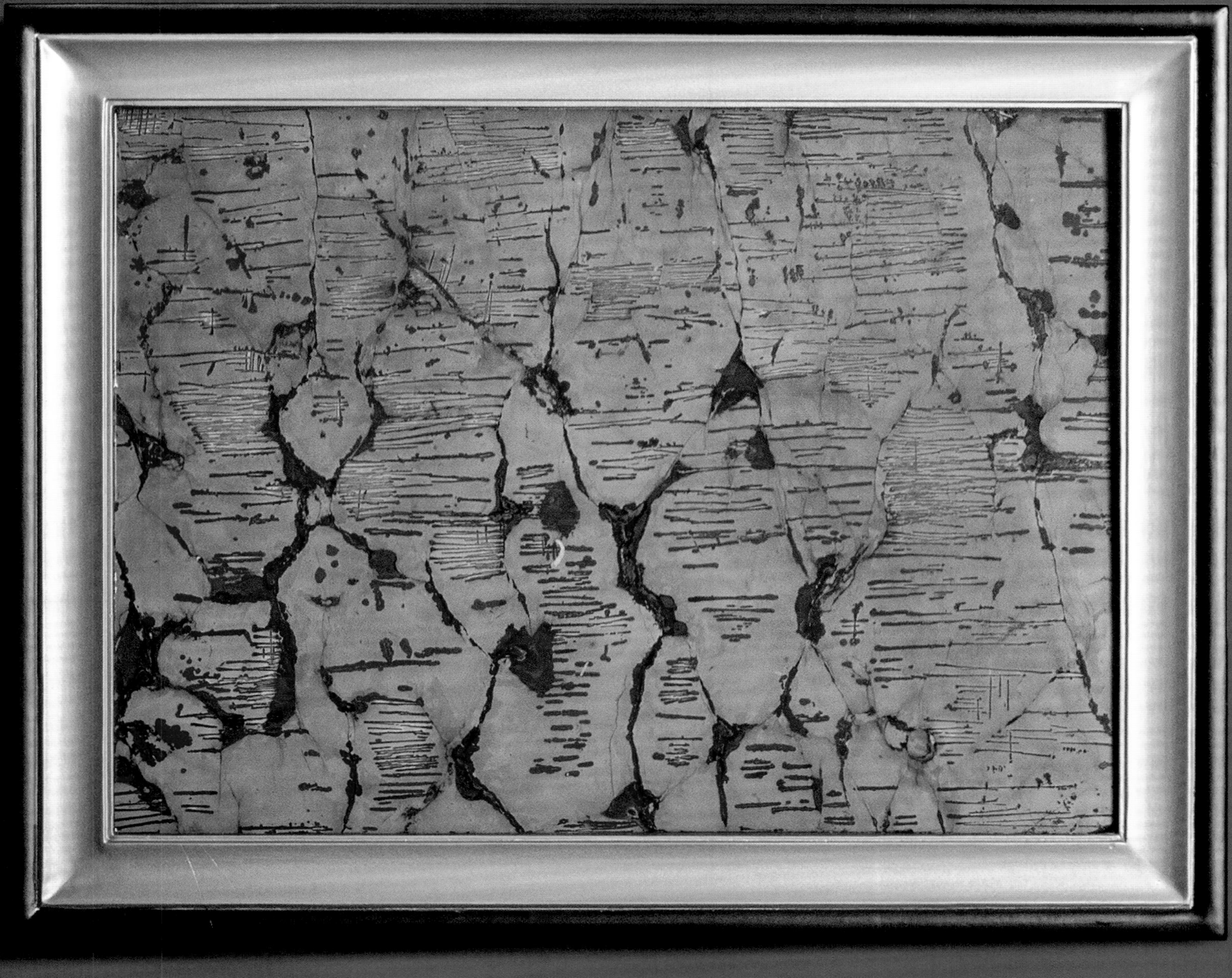

万物生一法眼

此生命之门也。其形状柔和丰腴，线条流畅层叠，结构自然生动。色作铁灰冷调，并无些许生硬、干涸、枯萎之感。此石外壳光洁细腻，骨肉圆满，厚实而温暖。“含章可贞，或从王事，无成有终。”元亨利贞，所以万物生。

白马奋蹄怒长空——甲士飞马报捷

此石线条简括，苍润轻淡，意与工皆有极速动感。白马奋蹄怒长空，甲士控缰持鞭冲。寒山雪映三尺锋，汉家将军矫如龙。餐风饮露遥几重？捷书直到剑门东。从此谈笑不兵戎，草木相泯望春风。观是石也，但闻马蹄声去如惊雷，自此长夜，绝无寂寞。

和靖锲心书—红梅赞

“疏影横斜水清浅，暗香浮动月黄昏。”此石雅绝，底以水文，辅以清明，枝干黄赭而呈坚劲，明暗设色乃作真实。枝繁以红梅暄妍，纷纷其上，占尽小园风情。暗忖此和靖锥锲心血之作也，先生因爱成痴，因痴生情，于自然处挥毫落笔，所成图画之气韵、笔意、境界皆为上上，堪称石中仙品。

醒石——不觉到此一梦醒

辛勤拂拭待来者，云骨一根泥苔青。尘埃若染禅心醉，不觉到此一梦醒。此石可作尘世偏僻处之卧榻，其曲折凹凸之处，大可纳乏；清凉幽冷之气，该当怡神。酒醉酣然恍惚时，趋身前斜横卧于此，忽有所悟，迷途而知返，大有棒喝之力。

一三之源

一为万物之始。道生一，一生二，二生三，三生万物。此汉书"一"也，特立而兼括，起笔凝重，结笔轻疾，气韵千钧。燕尾捺方，笔势沉雄，逆入平出，瘦劲宽绰，力注笔端，如干将、莫邪，锋利无匹。结体寓欹侧于平正，含疏秀乎严密，瘦劲如铁，变化若龙，当可行云布雨乎？

珍珑棋局一世事如棋

无事抛棋侵虎口，几时开眼复联星。此石线条横平竖直，井然有序，几可为尺度标准。盘枰间硝烟四起，黑白里战场鏖兵，嘶喊搏杀声犹在耳边。然枰上空无一子，何也？断肠声里无形影耳。以简为繁，以空作实，因眼中暂无落子，故处处能活也。

雨霖铃·溪山行旅图

西风瘦马，溪山对前，冷流犹狭。

细水小桥驻下，野人家、共话桑麻。

形单影只忘语，飞红碎敲落花。

千丝万缕迟迟烟，薄暮沉沉隐天涯。

宛似雨余风情却，更堪那、枯荷向天夸。

一点离愁何处？沉鱼岸边，浣雪如纱。

画中好景，应是低复白露蒹葭。

城南陌上听奔马，折柳比晚霞。

侠影

此市井侠影也。行外物攻伐，以功见言信。画中人体形魁梧，目光炯炯，赤身而黑面，其运斤成风之态，余力不竭，立不失容，状难为之境，含不尽之意。所谓侠之大者，为国为民，果然乎？盖立身成败，尽在所染耳！

古琴

是琴也，唯高唯古。号钟乎？绕梁乎？绿绮乎？春雷乎？其形饱满，浑厚优美，饰面只褐，漆色璀璨古穆。琴文具细密流水断，隐起如虬。势从“巨壑迎秋，寒江印月，万籁悠悠，孤桐飒裂”四境界。大音希声，多以断纹论，日夜为弦之所激耳。盖石琴之声必奇，或以为“旦浊莫清，晴浊雨清”者乎？若弦取冰蚕丝，意当复增天然之妙趣也。

瀑布奇觀

林下瀑雪

林下水流，冰洌甚急，其势直泄，砸落突岩，

琼飞玉碎，水雾刹那疾出，状如飞雪。

瀑落潭中，溅起排浪，轰然作响，烟雾腾腾，千军万马，铁蹄冲锋阵前。

万丈白珠落，敲开刹那门。

奔流破幽谷，洒落裂飞云。

虹日贯长歌，天高风雷闻。

青山多绝色，鸿蒙共氤氲。

仰天长啸一清影

“怒发冲冠，凭栏处，潇潇雨歇。抬望眼，仰天长啸，壮怀激烈。三十功名尘与土，八千里路云和月。”此武穆像也。武穆好贤礼士，览经史，雅歌投壶，恂恂如儒生。然忠愤激烈，议论持正，不挫于人，卒以此得祸。此石壮烈，栩栩如生。

石作豆腐更能方正

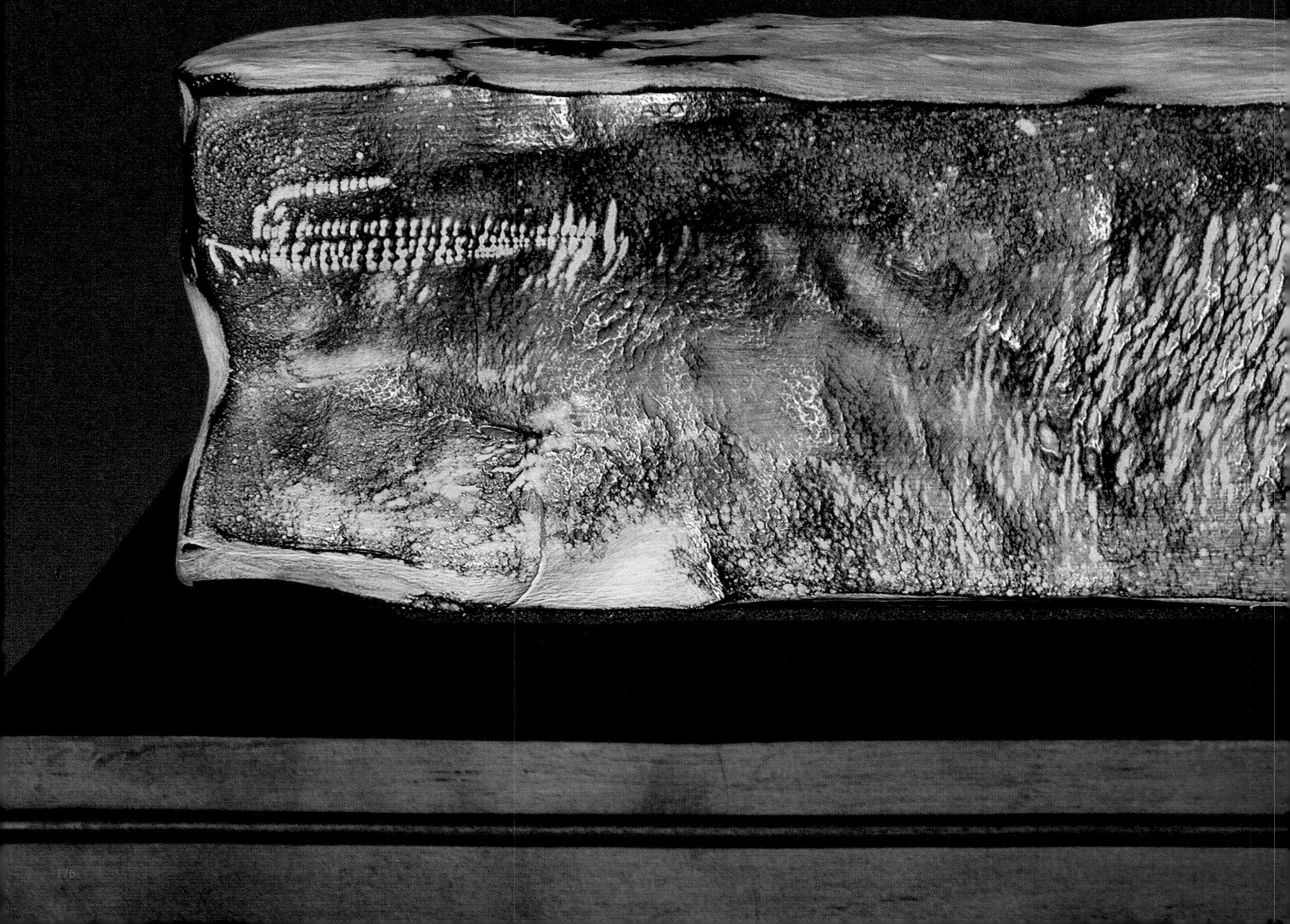

此石方正，为石作豆腐也。色如漉珠磨雪，濡湿霏霏，似以琼浆炼作，裹得素衣出匣。璧碎宁方之形，云飞见羹之义。惯杂木具间隔，不削霜刀如泥。“一轮磨上流琼液，百沸汤中滚雪花。”如是这般，切方石为记，则淮南之术传至今耳。

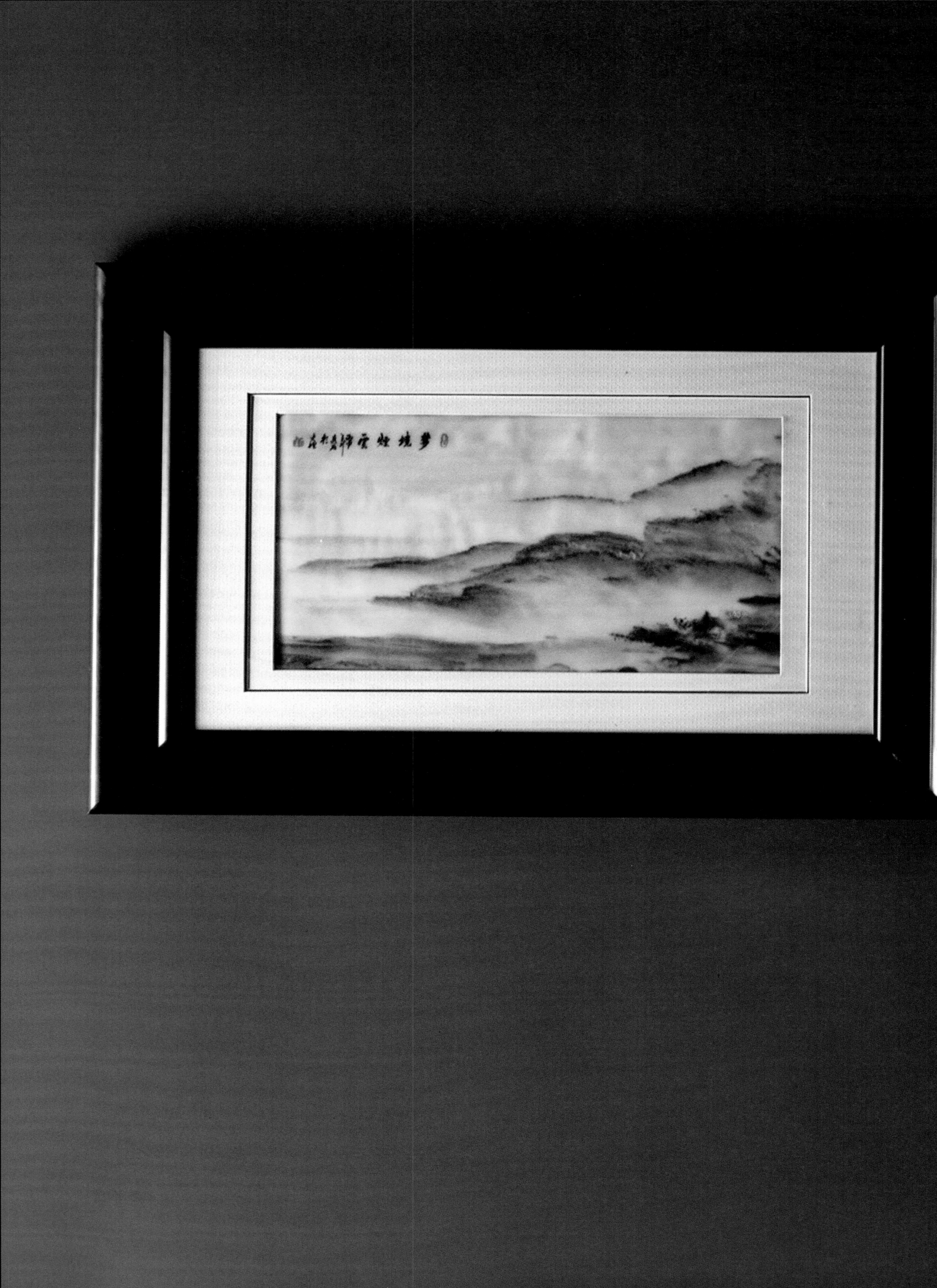
夢境烟雲

梦境烟云

白以黑显，黑由白彰。空境呈空，实境也空，静境呈静，动境也静，画到无求，方能有品自高。此画笔墨草草，不拘形似，布白设黑以造境，幻现一树、一石、一山、一水。其大小浓淡，互为表里，画面简远而明净，于虚无处现气云之相。所谓“正则静，静则明；明则虚，虚则无。无则无为而无不为也”，是为“造境”正解。

兽舞伎

此石像为拟兽舞之伎，其体态略宽胖，面容丰腴谦和，衣纹线条流畅。其上身略向右转，作猛兽回首翩跹欲舞之状。头束卷发包髻，昂首向后，眉目温和。身着条纹糯衫，腰腿拉伸作后弓步，跳足半立。衣纹华美，线条自然，柔软贴身，有锦帛织物之质。整体气质阔异，极富汉唐之韵。

吉象朝候

此石之包浆，华而不艳，雅而不质，形乃卧象也。长鼻随晦明而舒卷，大耳与风霜兼荣悴。神安情闲，若有所思。精之质体，昂之器石。天地是铸，成以象一。象为性灵之物，最能轻重随心，知凶识吉。表里二反于叶一，乃石与象二者之相合也。或亦云此象温润宜春，故名“吉象”。肃问大方赏石真意，曰：“赏其形，品其境，悟其韵。”是言甚明。

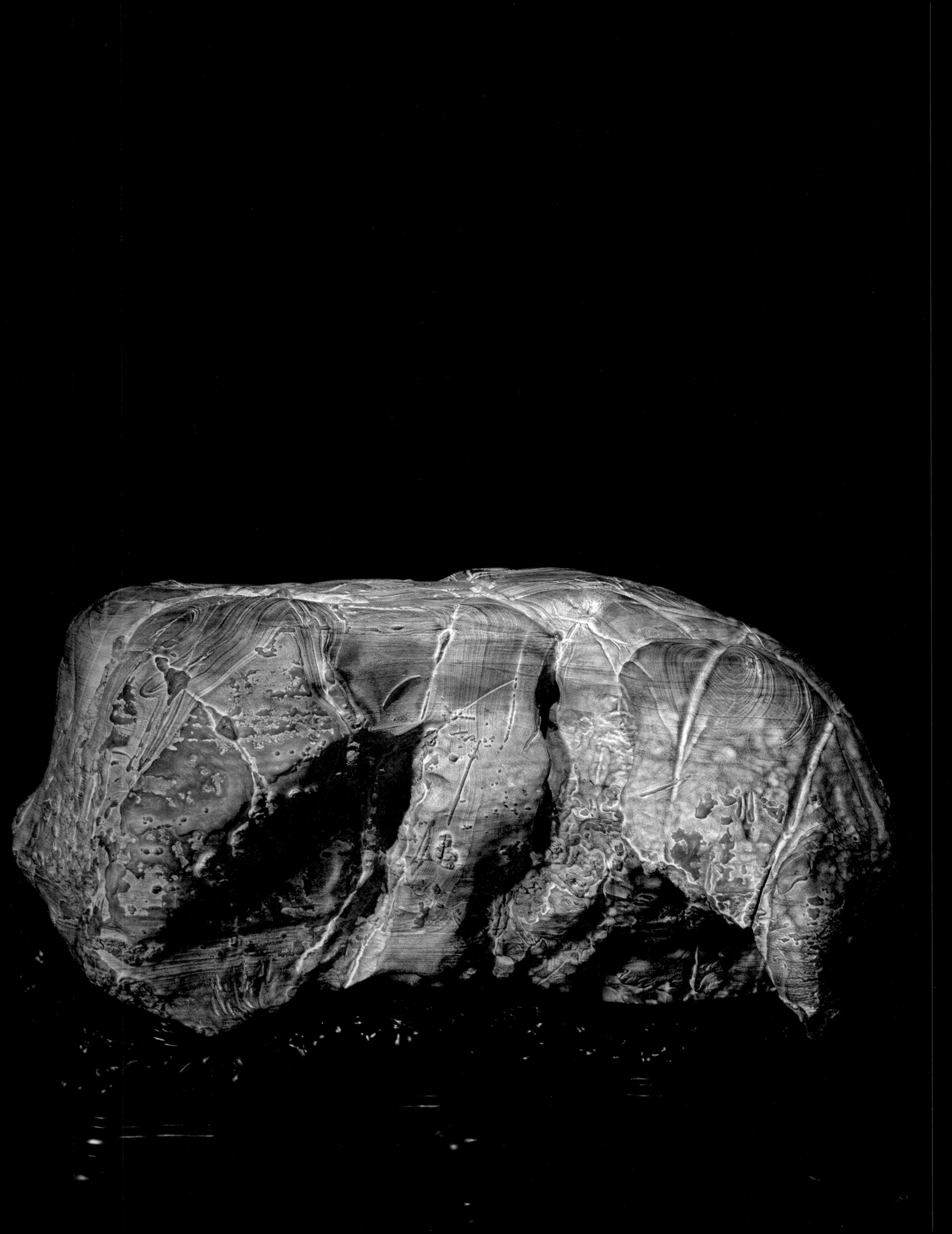

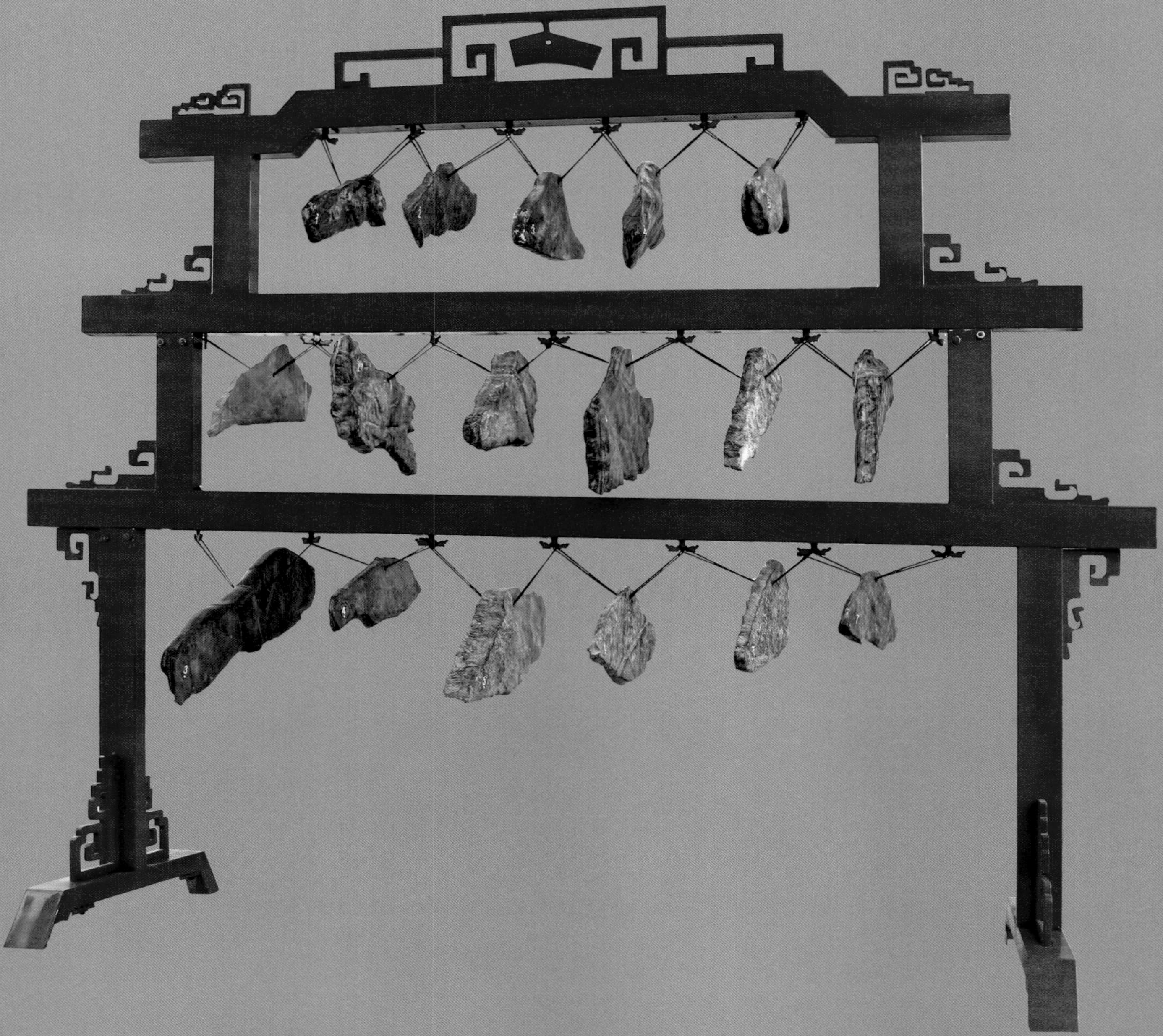

泗滨浮磬

一石安有“八音”乎？或谓灵璧石“八音”之说，几疑以讹传讹，紊谬如是。盖敲一石，所发音者可入耳者亦为难得；如击殊位而声迥异，则为雅趣妙奇；若声有高低缓急成音阶调式者，当作郊庙嘉至之器，是为“泗滨浮磬”。

今有淮北武君文成，齐灵璧石十七片，皆具“八音”之美，以成编磬，能发黄钟、大吕、太簇、夹钟、姑洗、仲吕、蕤宾、林钟、夷则、南吕、无射、应钟十二正律及四个半音，“近之则钟声亮，远之则磬音彰”。

是为盛世之正音也。

凤友止兹

“穆穆鸾凤友，何时来止兹。飘零失故态，隔绝抱长思。翠角高独耸，金华焕相差。坐蒙恩顾重，毕命守阶墀。”此孔雀栖石，态度雍容，气质孤傲。鸾交凤友者，孔雀也。然龙凤之说，俱因想象而非真实。则凤友之名，亦镜花水月，高处不胜寒。

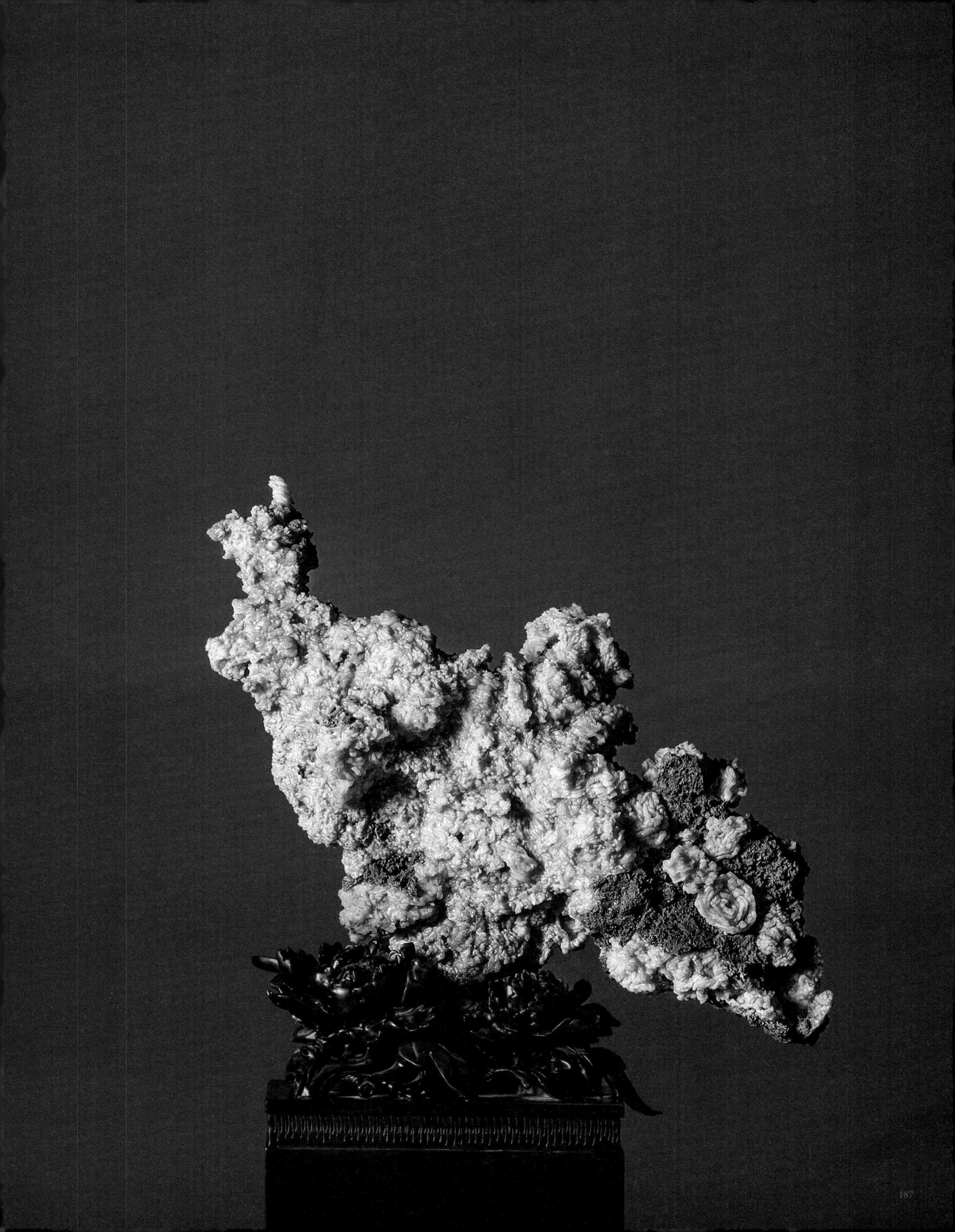

远山闲夕烟—江山万里

此乃“远山闲夕烟”之鸟瞰图也。“造化”以原石作纸，执光阴为笔，以形写意，师法自然之“造化神工”，作此水墨山水。其用笔挺拔峭劲，尤在点山笔触，瘦硬如铣铁。山势险峻幽深，云霭缭绕，峰峦隐现；旷野清朗苍茫，村郭流溪，夕烟回暖。甚有“去国怀乡”之意。

庐山瀑布—我看青山多妩媚

“飞流直下三千尺，疑是银河落九天。”此石为水墨山水，构图极佳，法度工整，再现太白诗景。举目望之，但见林石高立，云雾缭绕，水汽磅礴，香炉紫烟生自山间。妩媚青山妆晓镜，轻岚飘浮其上下，层层叠叠，似以云砖，砌作巍峨长城。画本设色单一，然运墨老辣，浓淡变化处，远胜“焦浓重淡清”者五。

三昧真火石

正受所观，石于无有处以真火定，诸相为不动明，曲直之本，调息之松，定散之根，故坚固其磐。譬涧落之石，使之合于瀑脚依处，水激为行，止虑缘息，使砂结石穿，见孔过洞。此唯一处，顽石住为不动明，色泽嫣莹，炽而瘦癯，固能参“有觉有观定、无觉有观定、无觉无观定”，是名三昧真火石。

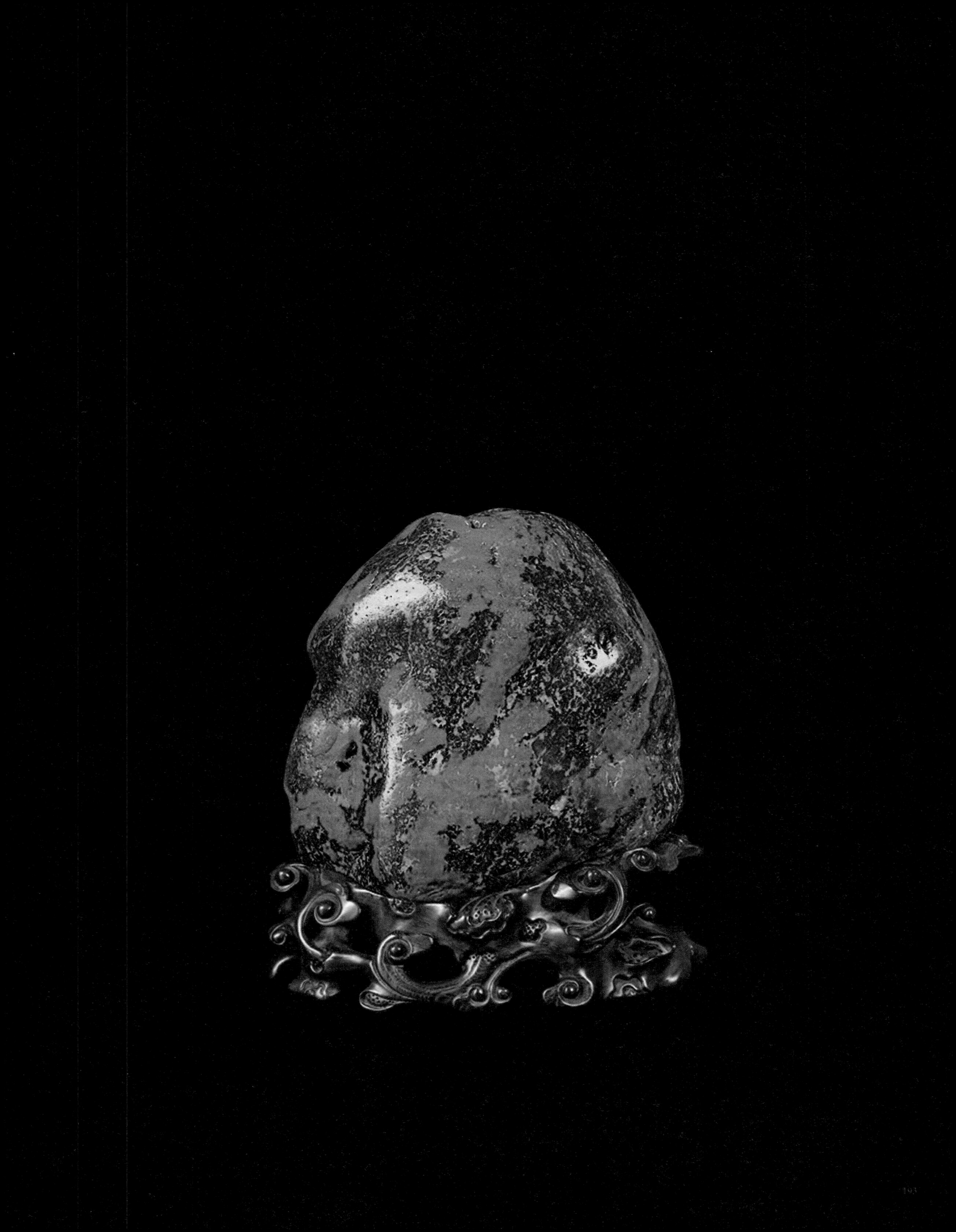

波腾悲海　有感即赴一观自在

此观音图随笔点墨而成，不费装饰，线条简淡，笔触粗放，意思简当而澄澈，兼铺以水光波影，于秀逸清冷中透出禅意空寂，忖为宋僧法常之手笔是也。菩萨一袭白衣，“眉如小月，眼似双星。玉面天生喜，朱唇一点红。净瓶甘露年年盛，斜插垂杨岁岁青。”动静二相，了然不生，照见五蕴皆空，故能“观其音声，皆得解脱”。

觀自在

三月不知其味一水晶肘子

“子与齐太师语乐，闻韶音，三月不知肉味。”然不知者，非不食也，食而不知其味，盖韶音移情也。然此肘肉肥脂厚，汁水丰富，经水煮、过油与蒸制，色泽明亮，酥烂软糯，香醇不腻。私忖不知其味者三月之期太久，应只争朝夕。

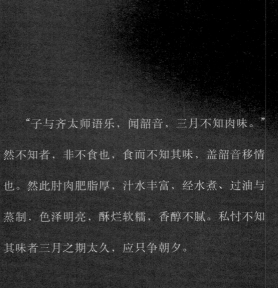

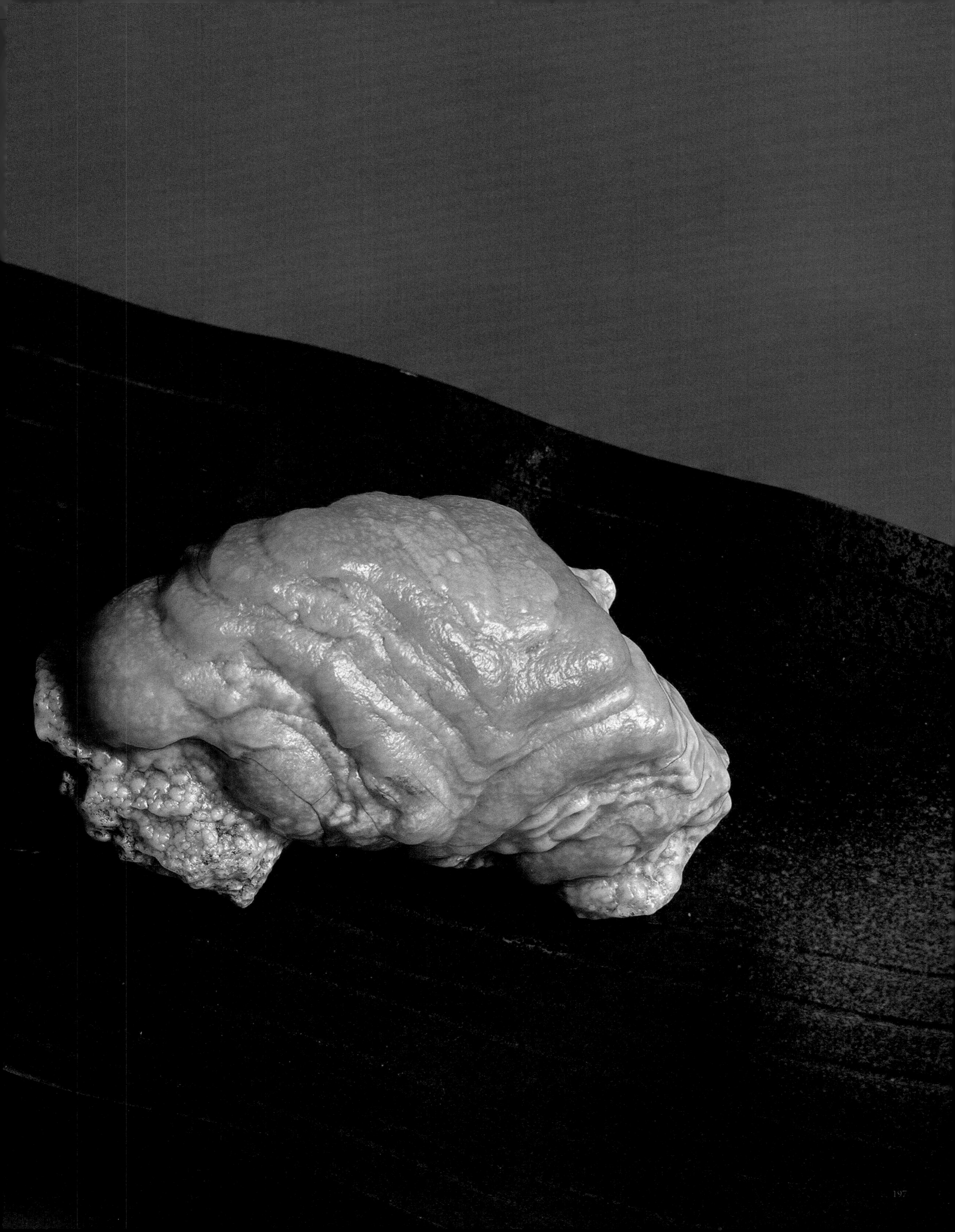

霸下啸海一龙龟

此巨兽霸下也。技止龟趺，钩陈苍苍，抬头作啸海状。诗云：“月明贝阙金银气，日暖龙旗赑屃纹。”此石色泽古旧，意态生动，乃长寿与财富之象征。

云深不知处

此云阶也，是为隐者入山采药之径。“松下问童子，言师采药去。只在此山中，云深不知处”，仰其高山之高，陡崖峭壁，云雾缭绕，羊肠小径盘旋向上，直通云间。寻隐者而不遇，知其只在此山中，然屏息仰观其险，则股战栗栗欲堕，实不敢亦不能去也。世间物事，心有余而力有不逮者，十之八九。

后记

“道生之，德畜之，物形之，势成之。是以万物莫不尊道而贵德。”石与画者，以刚柔论，诚为相得益彰也。

由中国观赏石协会画面石专业委员会承办之“石画·画石”艺术联展，藉北京李可染画院之雅逸，尊以石道，贵以画德，群贤毕至，少长咸集，仰观宇宙之大，俯察品类之盛，所以游目骋怀，乃赏石雅集之难得盛事。

会方肃正，克恭克顺，遴选27个地区之65个石种的近百方珍品编入本书，其中执着辛苦，自不足道。起首“并峰山水”，至“云深不知处”续存，通篇雅音绕梁，不论高低短长，唯“见仁见智”一言以蔽之。

至书成之际，中国观赏石协会画面石专业委员会已立身四载。谨奉“积跬步以至千里”之理，经历云南昆明、山东临沂、湖北黄石、广西柳州、四川温江、贵州毕节、山西太原和内蒙古阿拉善等数十场画面石精品展，以“画面石价格评估专业培训”纲举目张，组建起一支全国范围的赏石藏家与爱好者队伍。其间画面石最高奖项——“女娲奖”的诞生，更为赏石文化事业和附属产业的发展，注入了强劲的动力。

谨此感谢中国观赏石协会与北京李可染画院的指导，感谢文化艺术界专家和学者的支持，感谢北京元亨利古典家具有限公司的赞助，感谢中国观赏石协会各专业委员会同各地方观赏石协会的奉献，感谢全国广大观赏石爱好者的参与。还有隐匿背后的许多无名奉献者与工作者，在此一并致谢!

由于水平有限，相关经验亦有所欠缺，此书必有许多不足和遗憾处，敬请藏家与石友多多谅解与包容，并不吝指正。

希望在中国观赏石协会画面石专业委员会成立四周年之际，这本书能成为画面石鉴赏与收藏行程中的一个美好的印迹。

曹磊

壬寅年秋

附 录

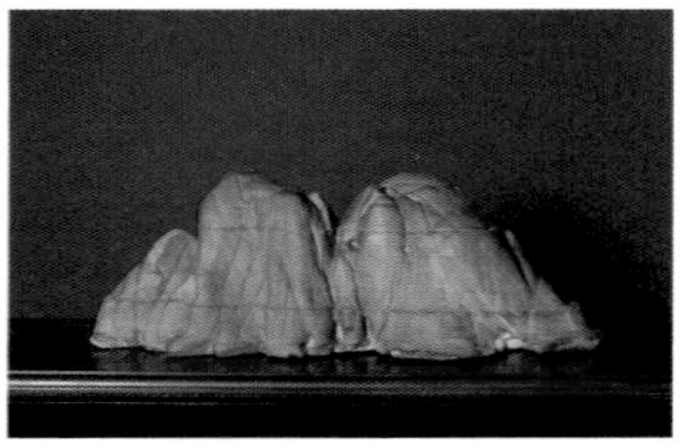

并峰山水

原名：思隐

石种：松花石

产地：吉林珲春

尺寸：98cm×40cm×38cm

欧子砧

原名：千锤百炼

石种：盘江石

产地：贵州兴义

尺寸：30cm×31cm×40cm

万山红遍 \ 层林浸染

石种：长江芙蓉石

产地：四川泸州

尺寸：25cm×9cm×19cm

红与黑

石种：长江石

产地：四川乐山

尺寸：20cm×33cm×15cm

天地初开 \ 盘古

原名：混沌初开

石种：乌蒙磬石

产地：贵州毕节

尺寸：55cm×58cm×36cm

此鼓一望令人惊

原名：八卦图

石种：桫椤木化石

产地：贵州

尺寸：15cm×15cm×3cm

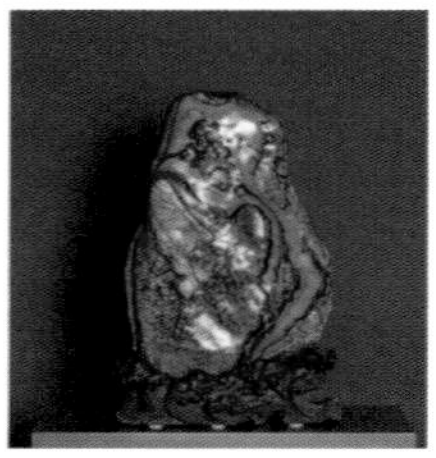

田园将芜胡不归

原名：祈年

石种：大化石

产地：广西大化

尺寸：58cm×80cm×20cm

汉锦囊

原名：老子骑牛出关

石种：陈炉石

产地：陕西铜川

尺寸：16cm×23cm×6cm

霸下啸海

原名：龙龟

石种：戈壁石

产地：内蒙古阿拉善

尺寸：50cm×35cm×25cm

行秀春雷

原名：宝塔峰

石种：九龙壁

产地：福建漳州

尺寸：45cm×65cm×36cm

静水之书

石种：远古化石

产地：美国

尺寸：125cm×248cm

春雏剔虫

原名：祈福

石种：缙云石胆

产地：浙江缙云

尺寸：78cm×42cm×36/53cm×18cm×18cm

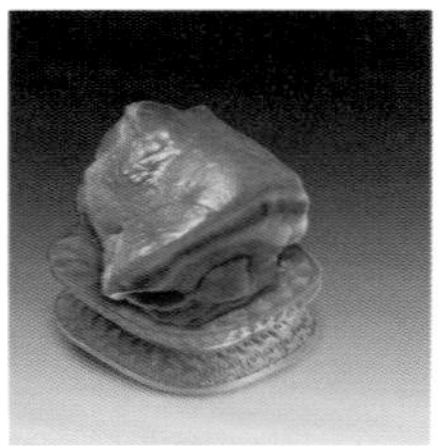

免胄三方外

原名：东坡肘子

石种：沙漠漆玛瑙

产地：内蒙古

尺寸：14.0cm×12.5cm×9.0cm

对镜贴花黄 \ 蓝色甲虫

原名：盛颜仙姿

石种：模树石

产地：河北

尺寸：68cm×68cm×5cm

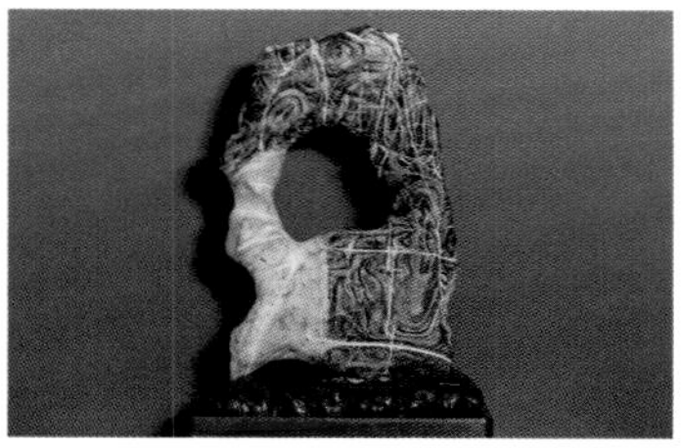

玉兽玦

原名：玉猪龙

石种：灵璧石

产地：安徽灵璧

尺寸：28cm×16cm×45cm

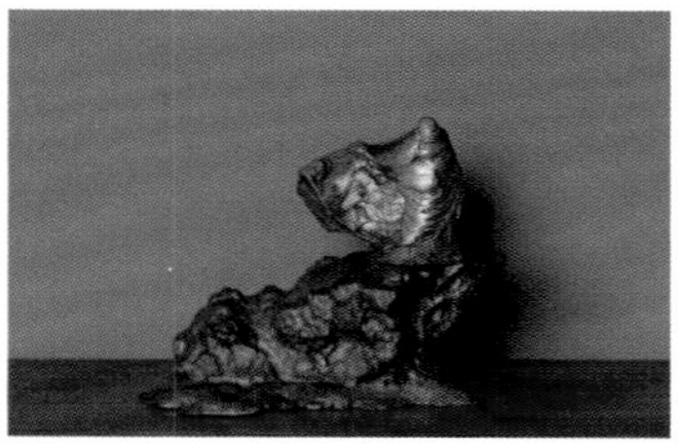

西来意

原名：大风歌

石种：沙漠漆玛瑙

产地：内蒙古阿拉善

尺寸：14cm×8cm×13cm

长河渐落晓星沉

原名：狮身人面

石种：绿彩陶

产地：广西合山

尺寸：52cm×68cm×18cm

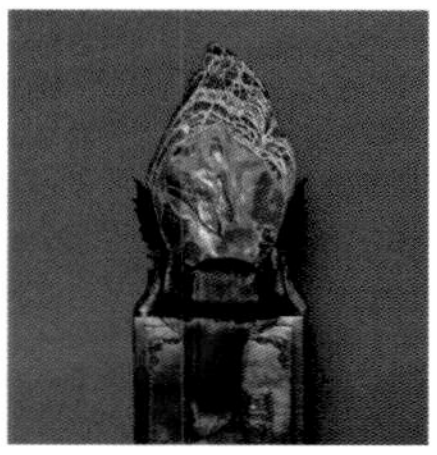

四海晏服八方率职

汉武帝造像石

原名：国粹　　石种：灵璧石

产地：安徽灵璧

尺寸：27cm×74cm×26cm

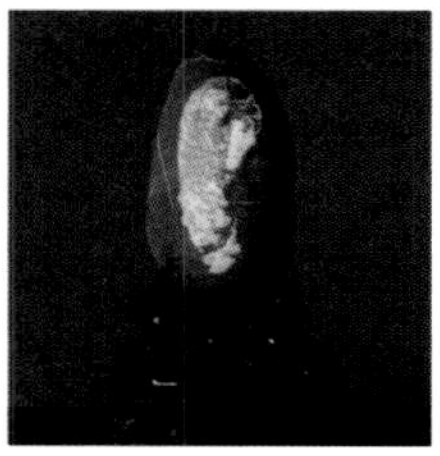

却把青梅嗅

原名：楼兰姑娘

石种：涪江石

产地：四川江油

尺寸：16cm×28cm×22cm

云作袈裟石作僧

石种：盘江石

产地：贵州罗甸

尺寸：40cm×78cm×26cm

斜日透虚隙

原名：清供

石种：灵璧石

产地：安徽灵璧

尺寸：28cm×16cm×45cm

有灵犀一点

原名：天德·色釉

石种：彩陶石

产地：广西合山

尺寸：19cm×27cm×8cm

借古开今

石种：灵璧石

产地：安徽灵璧

尺寸：50cm×100cm×35cm

吴哥印象

原名：天地神域

石种：陈炉石

产地：陕西铜川

尺寸：46cm×46cm×25cm

舞幻之石

石种：北丹石

产地：广西忻城

尺寸：50cm×45cm×30cm

三生卯石

原名：伯乐

石种：邕江石

产地：广西百色

尺寸：23cm×12cm×20cm

淅沥以萧飒\秋声石

石种：黄河石

产地：河南洛阳

尺寸：35cm×26cm×9cm

溪山桂月

石种：灵璧石

产地：安徽灵璧

尺寸：66cm×66cm×36cm

佛衣覆何

原名：诗佛山水

石种：卷纹石

产地：广西来宾

尺寸：70cm×50cm×30cm

不知有江湖

原名：金鸡报晓

石种：葡萄玛瑙

产地：内蒙古

尺寸：42cm×48cm×22cm

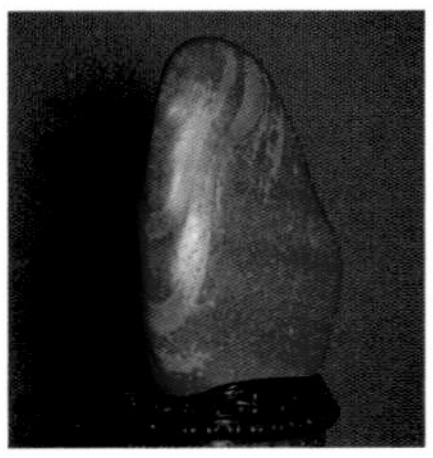

忠毅肝肺

原名：鸿福

石种：长江红碧玉

产地：四川乐山

尺寸：38cm×73cm×38cm

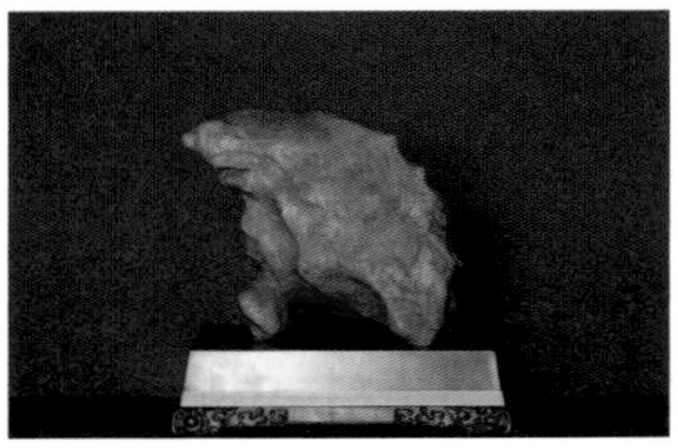

金蟾虎踞

原名：童心

石种：叠层纹石

产地：天津蓟县

尺寸：46cm×32cm×42cm

俯首长揖别

原名：北魏造像

石种：卷纹石

产地：广西来宾

尺寸：27cm×52cm×20cm

林下瀑雪

石种：大理石

产地：云南大理

尺寸：52cm×41cm×1cm

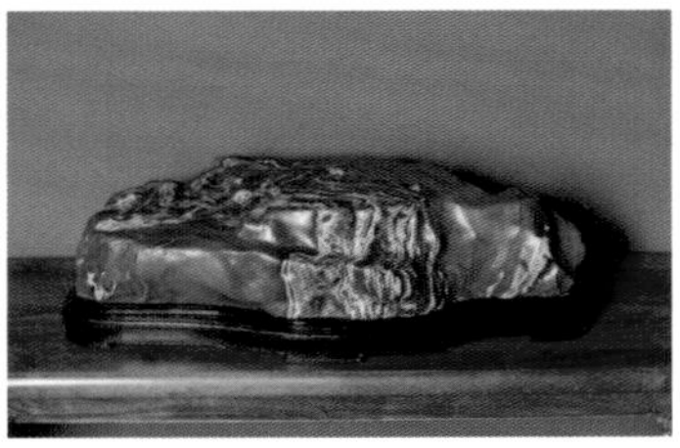

清泉石上流

石种：天峨石

产地：广西天峨

尺寸：68cm×29cm×19cm

凤友止兹

原名：有凤来栖

石种：戈壁石

产地：内蒙古

尺寸：48cm×44cm×12cm

波腾悲海　有感即赴

原名：观自在

石种：清江石

产地：湖北宜昌

尺寸：47.0cm×46.5cm×27.1cm

仰天长啸

原名：清影

石种：灵璧石

产地：安徽灵璧

尺寸：53cm×28cm×23cm

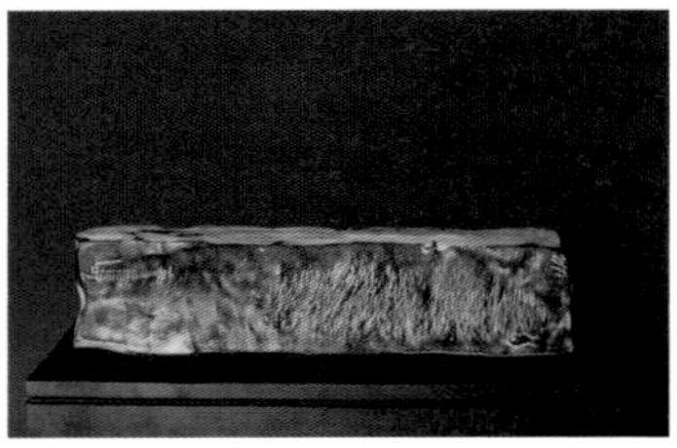

石作豆腐更能方正

原名：生生不息

石种：陈炉石

产地：陕西铜川

尺寸：52.0cm×12.5cm×12.5cm

侠影

原名：器

石种：戈壁石

产地：内蒙古

尺寸：27cm×32cm×26cm

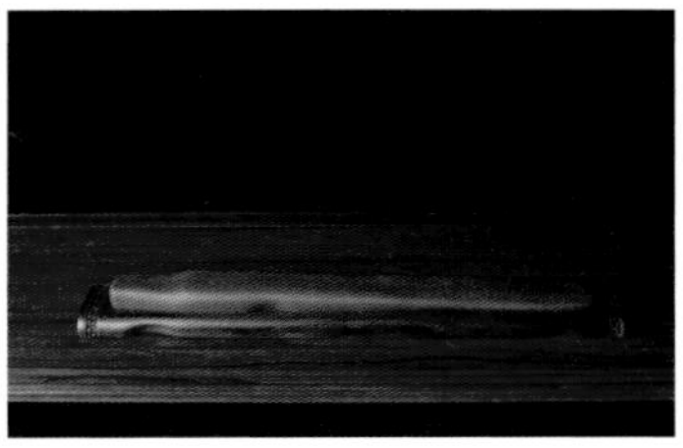

古琴

原名：只为山水寄清音

石种：摩尔石

产地：广西合山

尺寸：110cm×15cm×7cm

三昧真火石

原名：盛世龙腾

石种：三江红

产地：广西龙胜

尺寸：28cm×30cm×16cm

兽舞伎

石种：灵璧石

产地：安徽灵璧

尺寸：35cm×16cm×54cm

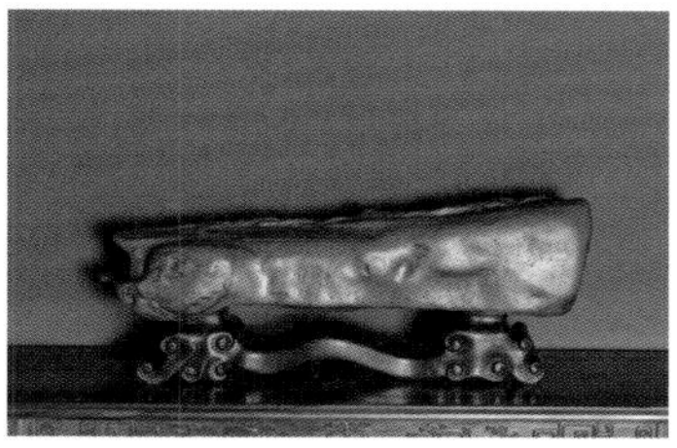

二三之源

原名：道一

石种：彩陶石

产地：广西合山

尺寸：80cm×19cm×20cm

沧海桑田

石种：国画石

产地：广西武宣

尺寸：95cm×76cm×16cm

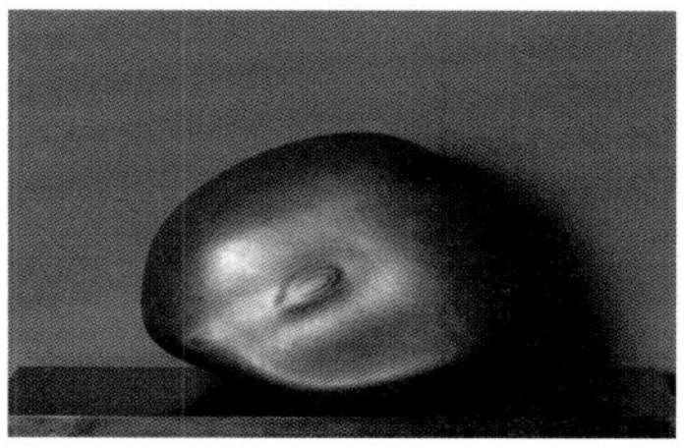

万物生

原名：法眼

石种：乌江石

产地：贵州德江

尺寸：42cm×32cm×32cm

白马奋蹄怒长空＼

甲士飞马报捷

石种：乌蒙磬石

产地：贵州毕节

尺寸：40cm×20cm×18cm

文房四宝之研＼文根

原名：文房四宝

石种：黑珍珠

产地：广西来宾

尺寸：31cm×13cm×20cm

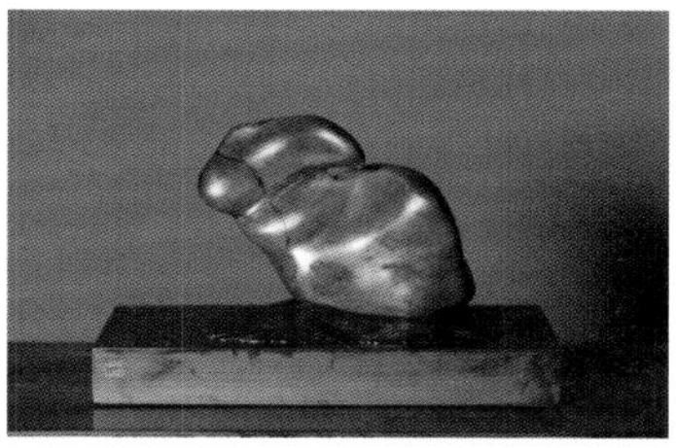

安辩雄雌

原名：玉兔

石种：摩尔石

产地：广西大化

尺寸：34cm×26cm×14cm

蝶恋花·枯海簇浪临绝渊

石种：大理石

产地：四川雅安

尺寸：97cm×260cm×6cm

相对浴红衣

原名：万山红遍

石种：灵璧石

产地：安徽灵璧

尺寸：146cm×126cm×65cm

祈年狮舞

原名：狮子峰

石种：灵璧石

产地：安徽灵璧

尺寸：65cm×88cm×38cm

三军过后

原名：从胜利走向胜利

石种：国画石

产地：广西武宣

尺寸：69.0cm×66.0cm×1.7cm

半壕春水

原名：文心雕龙

石种：英石

产地：广东英德

尺寸：52cm×40cm×70cm

梦境烟云

石种：大理石

产地：云南大理

尺寸：53cm×42cm×1cm

树荫照水爱晴柔

石种：长江雨花石

产地：湖北宜昌

尺寸：6.2cm×5.7cm×3.6cm

远山闲夕烟

原名：江山万里

石种：清江石

产地：湖北宜昌

尺寸：95.5cm×71.5cm×23.5cm

雨霖铃·溪山行旅图

原名：溪山行旅图

石种：陈炉石

产地：陕西铜川

尺寸：51.0cm×9.5cm×10.0cm

三月不知其味

原名：水晶肘子

石种：沙漠漆玛瑙

产地：内蒙古阿拉善

尺寸：18.0cm×11.5cm×10.0cm

念奴娇·乌蓬船行

原名：旭日

石种：丹青石

产地：天津蓟县

尺寸：50cm×22cm×23cm

临江仙 • 霜晚携来空山静

石种：荷花石

产地：河南洛阳

尺寸：160cm×80cm

补天之将

原名：龙马精神

石种：黄河石

产地：河南洛阳

尺寸：32cm×22cm×12cm

观自在

石种：长江紫砂石

产地：重庆

尺寸：25cm×32cm×11cm

醒石 \ 不觉到此一梦醒

石种：乌江石

产地：贵州德江

尺寸：20cm×52cm×32cm

龙玺

石种：戈壁石

产地：内蒙古

尺寸：14cm×14cm×15cm

槛外寒梅

石种：国画石

产地：广西武宣

尺寸：86cm×102cm×18cm

羝见汉节

原名：喜洋洋

石种：沙漠漆玛瑙

产地：内蒙古阿拉善

尺寸：10cm×7cm×7cm

千里送京娘 \ 逐却残星赶却月

原名：中国功夫

石种：长江丹彩石

产地：四川泸州

尺寸：25cm×21cm×7cm

一掬冷泉映苍柏

原名：岁月

石种：卷纹石

产地：广西来宾

尺寸：26cm×39cm×13cm

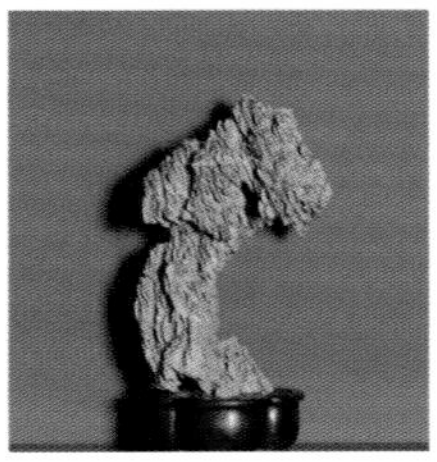

直干壮川岳

原名：一念休

石种：英石

产地：广东英德

尺寸：40cm×85cm×30cm

欢喜罗汉

原名：开心罗汉

石种：戈壁石

产地：内蒙古阿拉善

尺寸：22cm×20cm×19cm

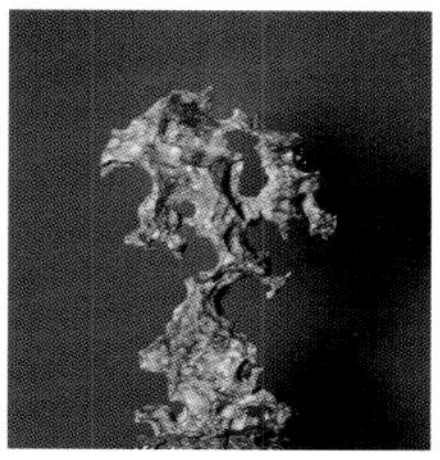

飞云出岫

原名：小岫伴云海

石种：乌蒙磬石

产地：贵州毕节

尺寸：67cm×125cm×23cm

芥子园图谱填墨石

原名：芥子园

石种：长江油画石

产地：四川宜宾

尺寸：40cm×38cm×22cm

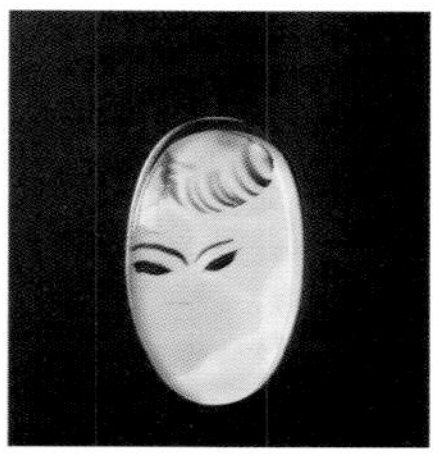

观画

石种：海洋玉髓

产地：马达加斯加岛

尺寸：2.6cm×4.2cm×0.8cm

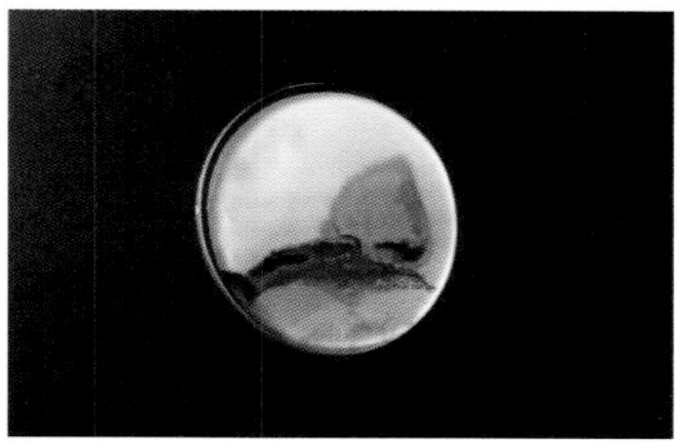

观画

石种：海洋玉髓

产地：马达加斯加岛

尺寸：5.3cm×0.7cm

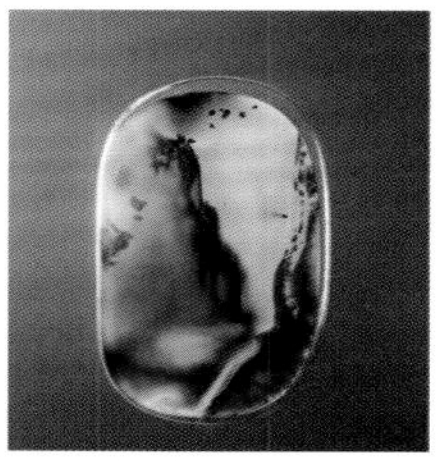

观画

石种：海洋玉髓

产地：马达加斯加岛

尺寸：6.3cm×9.6cm×1.0cm

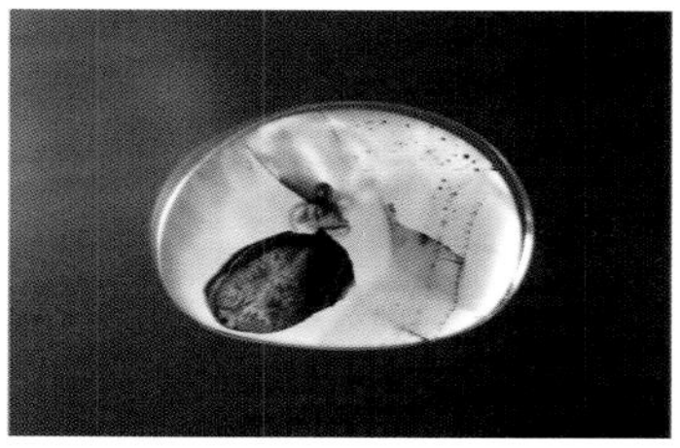

观画

石种：海洋玉髓

产地：马达加斯加岛

尺寸：10.2cm×6.8cm×1.4cm

云水禅心

石种：马达加斯加玛瑙

产地：马达加斯加岛

尺寸：12cm×15cm×10cm

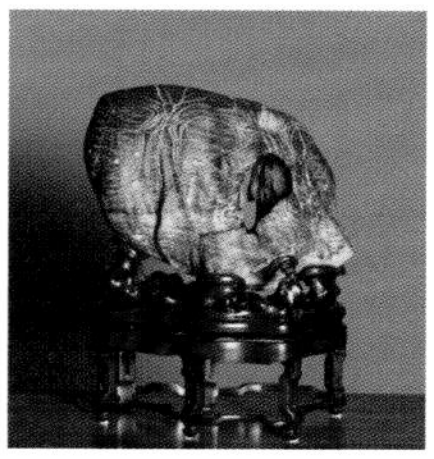

北冥有鱼

原名：蝶舞

石种：灵璧石

产地：安徽灵璧

尺寸：44cm×38cm×24cm

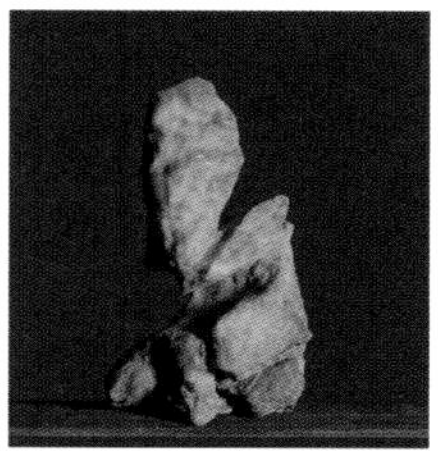

子然思＼石听貌

原名：苍然

石种：太湖石

产地：江苏南京

尺寸：45cm×82cm×35cm

雨洗东坡月色清

石种：长江雨花石

产地：湖北宜昌

尺寸：7.2cm×6.3cm×3.7cm

镜花水月

原名：畅观

石种：织金石

产地：贵州织金

尺寸：60cm×38cm×30cm

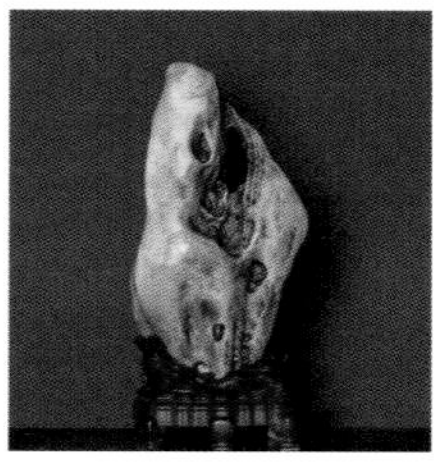

抱缺以虚＼石之大

原名：洞天福地

石种：九龙壁

产地：福建漳州

尺寸：33cm×68cm×23cm

依旧似寒灰＼雷击残痕石

石种：乌蒙磬石

产地：贵州毕节

尺寸：38cm×35cm×48cm

烟蓑雨笠卷单行

原名：独钓寒江

石种：长江丹彩石

产地：四川泸州

尺寸：26cm×29cm×6cm

石鉴哑拙以照心

原名：器

石种：陈炉石

产地：陕西铜川

尺寸：37.0cm×36.0cm×5.5cm

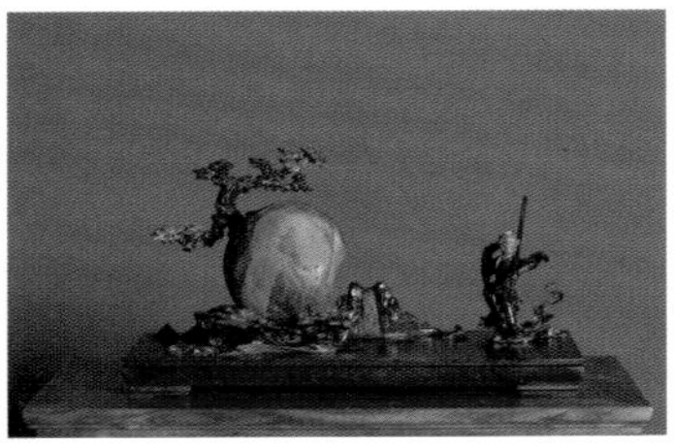

唐三藏

石种：三江金纹石

产地：广西三江

尺寸：22cm×20cm×19cm

火烧赤壁

原名：百万雄师过大江

石种：清江石

产地：湖北宜昌

尺寸：62cm×30cm

双人舞

原名：四大皆空

石种：墨石

产地：广西忻城

尺寸：36cm×37cm×26cm

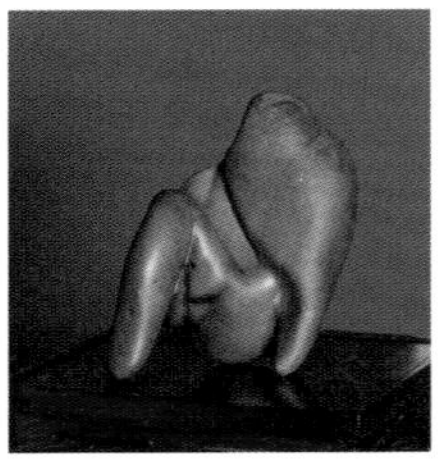

亨利·斯宾赛·摩尔雕塑\休憩人像

原名：塑

石种：摩尔石

产地：贵州兴义

尺寸：28cm×32cm×16cm

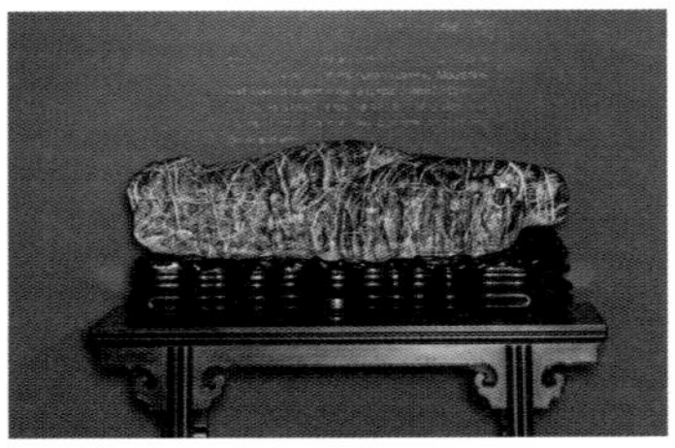

石化木乃伊\默存以见兴替

石种：灵璧石

产地：安徽灵璧

尺寸：140cm×40cm×45cm

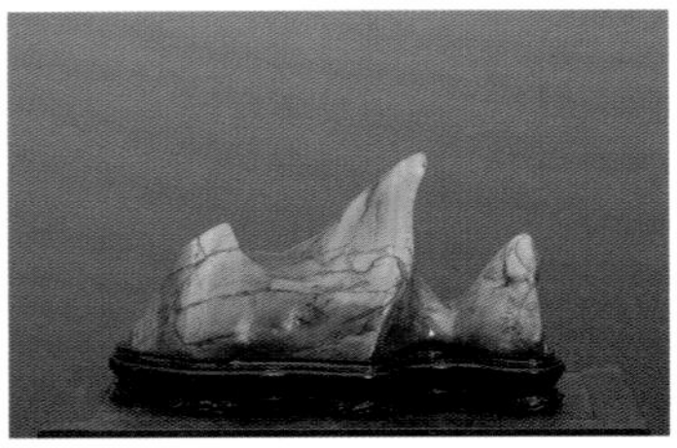

峰出半天云

原名：一品江山

石种：大化彩玉石

产地：广西大化

尺寸：42cm×21cm×28cm

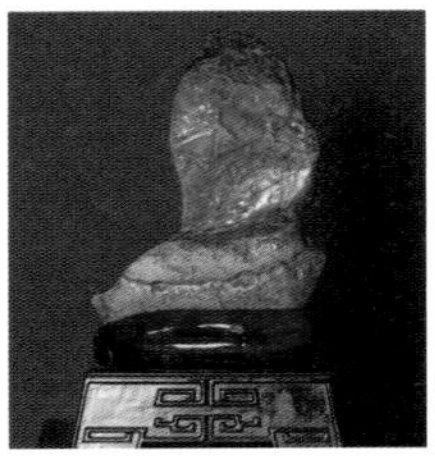

孤帆一片日边来\大拇指

石种：藏瓷

产地：西藏昌都地区

尺寸：60cm×40cm×30cm

江上初雪

原名：沁园春·雪

石种：大理石

产地：云南大理

尺寸：45cm×30cm

和靖锲心书

原名：红梅赞

石种：国画石

产地：广西武宣

尺寸：28cm×40cm×6cm

巨象耕

原名：虎踞龙盘

石种：彩陶石

产地：广西合山

尺寸：77cm×30cm×51cm

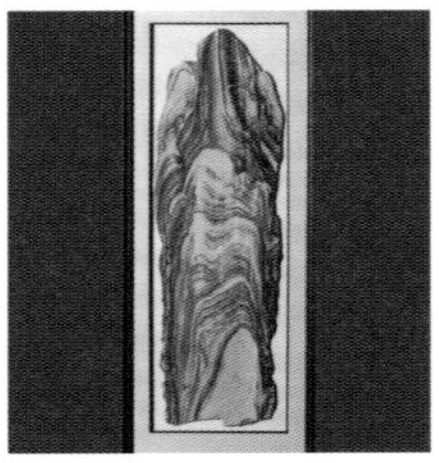

声声慢·清江石画

原名：解脱

石种：清江石

产地：湖北宜昌

尺寸：180cm×66cm×3cm

青皮萝卜

原名：萝卜

石种：戈壁石

产地：内蒙古阿拉善

尺寸：11cm×6cm×7cm

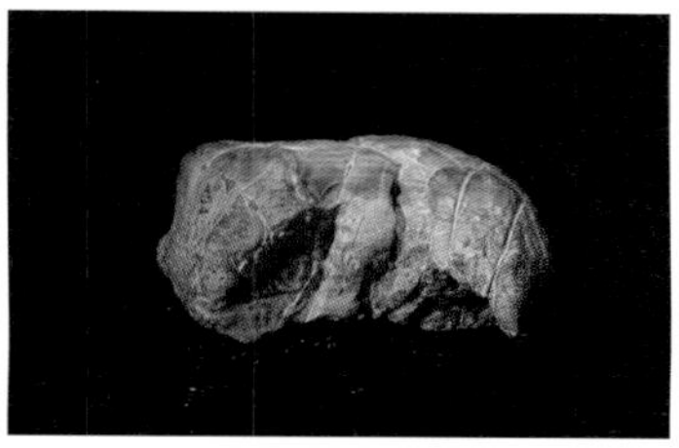

吉象朝候\大象无形

原名：吉象

石种：陈炉石

产地：陕西铜川

尺寸：60cm×50cm×40cm

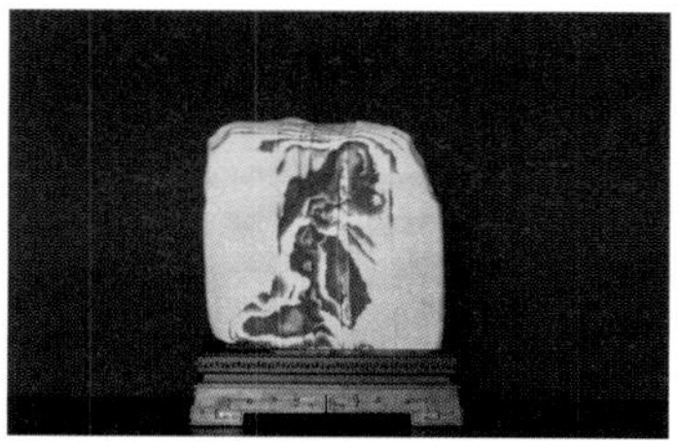

庐山瀑布

原名：我见青山多妩媚

石种：潦河石

产地：江西靖安

尺寸：38cm×38cm×8cm

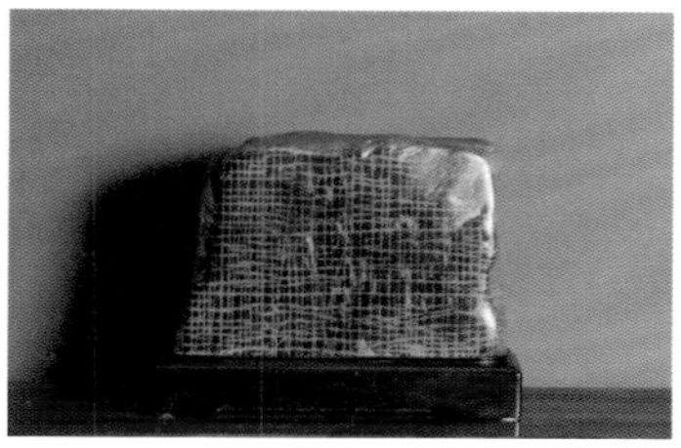

珍珑棋局

原名：世事如棋

石种：棋盘石

产地：广西柳州

尺寸：47cm×36cm×19cm

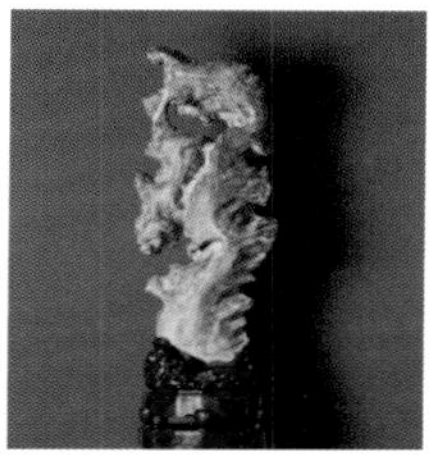

云深不知处

原名：黛云

石种：灵璧石

产地：安徽灵璧

尺寸：118cm×58cm×48cm

图书在版编目（CIP）数据

石上烟云 / 曹磊主编. -- 杭州 ： 西泠印社出版社，2024. 6. -- ISBN 978-7-5508-4546-6

Ⅰ. TS933.21

中国国家版本馆CIP数据核字第2024UC9093号

总 顾 问　寿嘉华　李　庚
总 策 划　李志坚　王鲁湘
主　　编　曹　磊
副 主 编　李九红　杨　波
统　　筹　钟长海
策　　划　陈鸿滨
策划编辑　张亚平　徐清宇　宋　彤　彭志刚
特约编辑　况　林　张　韧
编　　辑　王海琨　吕伟成　徐青龙　梁光金　解会忠　石正才　张　丹　王宗红
　　　　　苗　彤　万丹柯　涂国友　李纪军　王军明　钟　杰　简朝义　高　岳
　　　　　王　昱　王华健　王　跃　黄时战　宋志飞　贾俊祥
出版统筹　代前程
装帧设计　张奇超　许　晨
摄　　影　杨杰涵　代前程
美　　术　唐　婵　黄晓民
编　　委　蒋世银　张启坤　梁大伟　刘英祥　唐　僧　景　男　刘立新　金五一
　　　　　王占东　赵芝庆　许　辉　马金悦　王长河　陆建华　苏万安　陈　奇
　　　　　章国辉　巩向生　信金宝　黄云波

石上烟云

主　编　曹　磊

策　　划　上海归谷文化传媒有限公司
责任编辑　陶铁其　侯　辉
责任出版　冯斌强
责任校对　徐　岫
出版发行　西泠印社出版社
（杭州市西湖文化广场 32 号 5 楼　邮政编码　310014）
经　　销　全国新华书店
制　　版　上海归谷文化传媒有限公司
印　　刷　浙江影天印业有限公司
开　　本　787mm×1092mm　1/16
字　　数　100 千
印　　张　13.625
印　　数　0001—1000
书　　号　ISBN 978-7-5508-4546-6
版　　次　2024 年 6 月第 1 版　第 1 次印刷
定　　价　800.00 元
（如发现印刷装订质量问题，影响阅读，请与承印厂联系调换。）